宁东煤田采煤沉陷
地质灾害规律研究

路学忠　主编

编委会成员

路学忠　杨站伟　李学军　张天文　海连富
魏向成　魏启明　王　磊　高　军

黄河出版传媒集团
宁夏人民出版社

图书在版编目（CIP）数据

宁东煤田采煤沉陷地质灾害规律研究 / 路学忠主编
. —银川：宁夏人民出版社，2019.3
ISBN 978-7-227-07036-8

Ⅰ. ①宁… Ⅱ. ①路… Ⅲ. ①煤矿开采—采空区—地质灾害—研究—灵武 Ⅳ. ①TD163②P694

中国版本图书馆CIP数据核字（2019）第051676号

宁东煤田采煤沉陷地质灾害规律研究　　路学忠　主编

责任编辑　姚小云　周淑芸
责任校对　管世献
封面设计　李家强
责任印制　肖　艳

黄河出版传媒集团
宁夏人民出版社　出版发行

地　　址　宁夏银川市北京东路139号出版大厦（750001）
网　　址　http://www.yrpubm.com
网上书店　http://www.hh-book.com
电子信箱　nxrmcbs@126.com
邮购电话　0951-5052104　5052106
经　　销　全国新华书店
印刷装订　宁夏报业传媒印刷集团有限公司
印刷委托书号（宁）0012749

开本　787mm×1092mm　1/32
印张　5.25　　字数　180千字
版次　2019年4月第1版
印次　2019年4月第1次印刷
书号　ISBN 978-7-227-07036-8
定价　58.00元

序

能源矿产资源是我国当前经济发展所必须依赖的，以前的矿山遵循“先开发，后治理”的老路子已然不适用我国现状，要走现代化、科学开发的新路子，就必须过程管控，必须“边开发、边治理”，对矿山开采过程中出现的一系列地灾环境问题进行实时观测、治理和预防。煤炭开采过程中引起的地表岩移动、裂缝和塌陷，是破坏性很强的一种地灾现象，也就是采煤沉陷。而其作为一门综合性很强的边缘研究领域，涉及探矿、采矿、工程地质与水文地质、岩土工程、环境工程、测量、数学、力学、建筑结构等方面的知识。

《宁东煤田采煤沉陷灾害规律研究》编著路学忠等人，在总结原有采煤沉陷方面研究成果的基础上，结合宁夏宁东煤田目前已开采矿区的地质、采矿、环境等特点，对其采煤沉陷地质灾害进行了长期深入研究，系统地向我们介绍了宁东煤田采煤引起的沉陷地质灾害现状、灾害损害程度评价、灾害动态发展规律观测与流变特性、采煤沉陷数值模拟计算、宁东采煤沉陷发展规律与趋势预测等问题，提出了宁东煤田采煤沉陷地质灾害防治与保护的科学措施。宁东煤田正开发利用的煤炭矿山，在采煤沉陷灾害规律研究方面已有大量的观测数据和实践经验，我相信，通过本书在这方便专业理论的支撑，取长补短、相得益彰，定能强化采煤沉陷这一专业研究领域的权威性和影响力。

本书内容专业性强，不仅能为从事地质勘查的工作人员拓宽业务领域，也为地方矿山开采引发的地灾沉陷治理提供了有益的参考，而且贴合国家大的方针政策，那就是“绿水青山就是金山银山”。本书的出版对社会的贡献将是积极的、可见的。

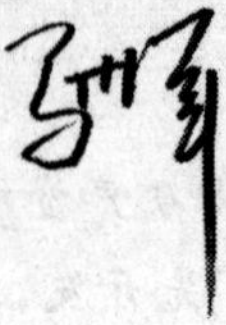

目　录

第一章 绪 论

宁夏是全国富煤省份之一，煤炭工业起步于1956年，全区含煤地层分布面积17000km²，占全区总面积的1/4。在全国14个大煤种中，宁夏占有11种，在全区21个县中有12个县分布有煤炭资源，总量居全国第六位，人均占有量居全国第一位。根据“宁夏回族自治区矿产资源储量表”数据表明，截至2010年底，宁夏累计探明的煤炭储量291.05亿t，累计消耗资源储量9.72亿t，保有资源储量281.33亿t。

从含煤地层来看，宁夏地处华北聚煤区西部，鄂尔多斯盆地西缘；在区域构造背景上，处于华北陆块和秦—祁—昆造山带这两大构造单元衔接处，这两大构造单元长期活动所形成的裂陷与坳陷为含煤地层提供了场所，并控制了含煤地层的特征与分布。因此，按照地理位置为宁东、贺兰山、宁南和香山4个含煤区，仅宁东一地探明资源储量就约为273亿吨，占宁夏煤炭探明总储量的86.8%[1]，相当于东北三省煤炭探明储量的总和。同时，宁夏还探明无污染、无危害、高发热量的环保型煤炭164.5亿t，占宁夏累计探明煤炭资源量的54.76%。主要分布在汝箕沟矿区、碎石井矿区、鸳鸯湖勘探区、碱沟山矿区和马家滩—萌城矿区。

宁东煤田位于宁夏东部，属灵武、盐池、同心3县管辖。煤田北起红墩子与内蒙古分界，南至萌城与甘肃相邻，以吴忠市和固原市的市界为界，西以黄河断裂及青铜峡固原大断裂为界，东以宁夏陕西省为界。南北长104~200km，东西宽80~105km，含煤面积约7482.52km^2。煤田由10个矿区和1个勘查区构成，位于北部的红墩子、横城、四股泉、韦州、三眼井勘查区为古生代石炭二叠纪煤矿区，位于中部的自西向东为石沟驿、灵武、鸳鸯湖、马家滩、积家井、萌城6个中生代侏罗纪煤矿区，地质勘探程度较高，累计探获资源量320.3亿t；查明资源量为274.9亿t，其中已开采煤矿占用资源量79.2亿t，未开发利用资源量195.7亿t（未开发利用的资源量中可供新建煤矿的有176.5亿t，可进行下一步勘查工作的有19.2亿t）。煤田地势较为平缓，呈南高北低之缓坡，苦水河以北属于旱半沙漠低丘地形，海拔在1250~1500m之间，苦水河以南为黄土侵蚀地形，地貌复杂，海拔在1500m左右。发育河流有苦水河、甜水河、西天河，水量受季节影响。煤田的西部为黄河灌区，农业发达，交通以公路为主，大坝到古窑子铁路把该区与包兰铁路连通。区内公路发展较快，省级公路与地方公路已成网，交通方便。原煤属优质配焦用煤、动力用煤、长焰煤、不黏结煤和优质气化煤[2]。宁东地质构造及地质条件简单，瓦斯含量低，开采条件优越，具有突出的资源优势、区位优势和市场优势。

中国产业调研网发布的《2016年中国宁夏煤炭工业市场专题研究分析与发展前景预测报告》认为，未来几年，宁夏将全力打造被喻为宁夏“一号工程”的宁东煤炭基地。预计到2020年，宁东基地煤炭生产能力将达到1.3亿t；8个大型坑口电厂到2020年发电总装机容量达到26990MW；煤炭间接液化、煤基甲醇、煤基二甲醚和大化肥等项目，到2020年达到1300万t。

同时，宁夏回族自治区党委和政府于21世纪初做出建设宁东能源重化工基地的决定，确定了三大产业：电力、煤化工、煤炭开采[3]。宁东能源重化工基地的建设，符合国家关于大力发展和推广洁净煤技术，寻求以煤代油的产业发展方向，是我国能源发展战略的必然选择，也是宁夏落实国家“西电东送”战略方案的重大举措。宁东煤炭开发坚持煤炭就地转化为主的发展战略，采用先进技术，走煤电结合、煤化结合之路，为实现“中国梦”“四个宁夏”提供资源保障。

为了避免我国多数煤炭企业从前“先开发，后治理”而给企业后续发展背上沉重负担与包袱的老路，宁东煤田走现代化、科学开发的路子，对可能产生的各种灾害与废物等实行“边开发、边治理”的新型道路，即资源综合开发，经济循环发展，实现煤炭资源的可持续开发[4]。因此，本书结合宁东正在开采的碎石井勘探区内的磁窑堡井田、羊场湾井田和石沟驿勘探区的石沟驿井田采煤引起的沉陷灾害现状，研究了其地表沉陷规律、沉陷预测方法与理论及沉陷等灾害的评价与预防治理。

1.1 选题依据及研究意义

地下有用煤炭被采出后，开采区域周围的岩体原始应力平衡状态受到破坏，造成应力重新分布，并寻求新的平衡，从而使岩层和地表产主移动变形和非连续破坏，这种现象称为“煤矿开采沉陷(Coal Mining Subsidence)”[5]。煤炭开采沉陷学(又称岩层与地表移动)作为一门实用性很强的学科，其主要研究内容是地下煤炭采出以后，开采空间及周围岩体及地表移动变形和破坏的发生、发展、终止、稳定的机理和过程及其分布形态、力学特征、破坏程度和预测并控制岩体与地表破坏及其所造成的一系列灾害性问题(地面建筑破坏、铁路损坏、水体溃漏、耕地损失、地表土地荒漠化等)的原理与方法。煤炭开采沉陷学是一门理论性和实践性都很强的交叉学科，既要求具有很深的理论基础，以保证自身的发展和可靠的应用与实践，同时又要切实可行地解决生产实践中、具体实例中所遇到的问题。

采煤引起的地表移动的研究由来已久。2014年我国从地下采出的煤炭达26.36亿t，2015年达26.1亿t，2016年达到24.09亿t，地表沉陷中尤以采煤引起的地表沉陷最为突出。虽然近年来各级政府与组织注重预防和治理地表沉陷，但总体来说，地表沉陷问题仍十分突出。人们已认识到，岩层与地表移动计算是一项十分重要的工作，是确定“三下”（建筑物下、铁路下和水体下）压煤开采方案的基础。据统计，我国矿区在这些需要保护的对象下（上）压煤达133.5亿t，其中建筑物78.2亿t，铁路下18.9亿t，地面水体下19.1亿t，石灰岩下17.3亿t[6]。为了充分开发这些煤炭资源，又使受保护构筑物保持原有功能，对采动影响的预测是必不可少的。

因此，开采沉陷的课题对我国煤炭生产、环境保护、矿区的社会稳定以及可持续发展都具有重要意义。据估算，在我国的主要产煤区，构筑物下压煤占可采储量的30%左右，若采用村庄搬迁、道路改线等被动的办法，经济费用巨大，也会成为企业沉重的经济负担。而且，由于采煤引起的大面积沉陷，靠迁移来选址也越来越困难。另外，开采沉陷对农田和地表环境的危害也十分突出。开采沉陷引起地表高低不平，甚至，出现地裂缝和断陷沟，使农田水利灌溉发生困难；低潜水位地区农田因积水而汪洋一片，部分地区饮用水受到污染；等等[7]。所以，开采沉陷的研究是当今煤矿开采及矿区环境建设的大事，其引发了许多地表的建（构）筑物、水体、耕地、铁路、桥梁和环境破坏等，并导致了许多灾害性后果：

（1）农村煤矿区开采沉陷严重破坏了矿区环境，造成村庄的房屋裂缝、耕地积水、乡村道路断裂、果树木枯死、水塘干涸等，给乡村人们的日常生活、生产带来了很大的影响和损失，并且地面环境的破坏是很难恢复的。

（2）对城市的建（构）筑物、公路、铁路、桥梁、地下管网及城市的基础设施等造成破坏和潜在的威胁。

（3）地表沉陷破坏地下的潜水位及地下水系，形成大面积的低洼区和积水区，甚至形成沼泽地，使之既不能栽种植物，又不能养殖，成为荒地；地下水系破坏和地下水的流失，也是不可恢复的。

(4)对天然的森林、草原、天然植被、山体等造成的破坏,影响了生态平衡。

(5)地表沉陷激化企业与地方及居民之间的矛盾。导致社会不稳定因素的加剧。

(6)地表沉陷的治理与恢复耗资巨大。一般矿区的万吨采煤塌陷率(hmV·10^4t)一般变化在28~675之间,仅就耕地而言,复垦一亩塌陷区平均耗资3000元人民币,而我国每年煤矿行业开采导致土地的塌陷达40万a左右。所需要的费用就达12亿元人民币。

而宁东煤田作为宁夏煤炭资源的主要蕴藏地,煤炭资源在开采中遇到的问题若不及时解决将影响其进一步的可持续发展,如煤炭开采过程中引发的多种地质灾害,已严重破坏了采区的自然生态环境;采煤沉陷引发的多种地质灾害,又加重了当地的生态环境的破坏;宁东煤炭资源利用率较低、浪费严重,煤炭在宁夏一次性能源消耗结构中占70%以上,燃煤形成的煤烟型污染是区内大气环境污染的主要原因[8][9]。因此,采煤沉陷课题的研究有利于探索其内部固有的客观规律,为地表沉陷的预计、控制、治理、复垦、恢复提供理论依据,对我国煤炭工业的发展、社会的稳定和谐、生态环境的保护具有重大的现实意义和深远的社会意义,也是保证我国西部能源战略实麓、煤炭工业可持续发展不容忽视的重大研究课题。要把宁东的资源优势合理有效地利用,在积极推进宁夏煤炭资源开发的同时,必须及时解决煤炭开采、使用等过程中遇到的问题,早日使宁夏回汉人民同全国一起打赢脱贫攻坚战。

1.2　课题研究历史与现状

1.2.1　开采沉陷理论发展回顾

开采沉陷是一门综合性较强的边缘学科,研究方向是矿山测量研究的一个重要领域,涉及大地测量、矿山测量、采矿、地质、岩石力学、统计学和计算机科学等学科,是一个交叉学科,也是大地测量学与测量工程专业的一个重要研究方向，在我国矿业类高等院校都设有该学科。

人们很早就注意到了开采沉陷问题。在英国，15世纪初就有关于开采沉陷损害财产的争论和诉讼方面的记载。比利时在15、16世纪曾颁布一项法令，对因开采而破坏了列日城用水含水层者处以死刑。从学科发展的历史看，大致可分为三个时段：1900年前，1901年至二次世界大战，二次世界大战后到现在。如果从开采沉陷学科的发展阶段，大致也可分为三个时段：假说与推理阶段，现场实测与规律认识阶段，预测方法和预测理论建立及实际应用阶段[10]。

1.2.2 假说与推理阶段

这一阶段从时间上划分在1900年以前。对开采沉陷的机理和理论的认识是伴随着采矿对建(构)筑物和水体的破坏而进行的，当时人们提出了一些初步认识，其中最主要的理论有：法线理论、自然斜面理论、圆拱理论、二等分线理论、Hausse理论和达尔特姆特规则等。这些理论和规则大多以地面的有限实地观测资料为基础，因而带有一定片面性，简要回顾如下。

(1)法线理论

1825年和1839年，比利时对列日城受开采影响造成的破坏进行调查，调查结果产生了“垂线理论”(Shadbolt，1975)。垂线理论认为，开采沉陷只出现在采空区的上方，矿柱上方不产生下沉，地表下沉的大小与矿层开采厚度相同且采空区上方各点下沉相等。这一理论显然与实际不符。

对列日城的调查还发现，在工作面下山方向矿柱上方的建筑物产生了大量损害。为解释这一现象，1858年，Gonot提出了法线理论。该理论认为，对于倾斜矿层，开采塌陷不是出现在开采工作面的正上方，而是沿矿层法线方向传播，塌陷偏向开采工作面的下山方向上方。比利时的工程师认为法线理论在矿层倾角小于65°

时适用。1871年，比利时人Dumont指出它只适用于倾角小于68°的情况（阿威尔辛，1947，Shadbo1t，1975），在褶曲条件下岩层移动仍按法线方向移动，因此在褶曲轴部移动方向发生变化，但始终沿矿层的法线方向。他还指出，断层可使移动方向发生变化，这一结论与实际情况相符。

法线理论并未得到大多数研究者赞同，仅在法国和英国的部分煤田得到了证实。但是，岩层沿法线移动的思想至今仍具有较大的影响[11]。

（2）自然斜面理论

1882年，耳西哈（Oesterr）教授提出了自然斜面理论[12]。其主要观点如下：在采空区上方岩层产生塌陷，而塌陷区呈抛物线形状，但此过程尚未结束（如图1-1）。

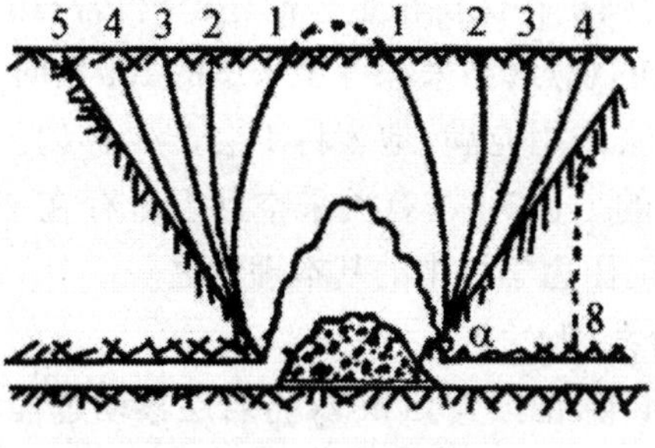

图1-1 自然斜面理论图式

采动围岩中的附加应力将引起岩层的进一步破坏和移动，移动将逐渐波及2-2、3-3等带。当塌陷岩层的边界与水平线呈α角时，塌陷过程终止，这里α是岩层的自然斜面角。

耳西哈圈定的移动范围与现代开采沉陷理论相近，遗憾的是他没有认识到矿层的上下山方向岩体移动的影响不同的，他的理论只适用于水平矿层。另一方面，他否定了岩层的弯曲，认为岩层移动仅仅以塌陷形式发生。但是，耳西哈第一次提出了岩层移动范围与岩层的性质有关的思想是正确的。

(3)圆拱理论

1885年,法国人Fayol提出了“圆拱形理论”(阿威尔辛,1947)[13]。他通过现场和室内模拟研究的大量资料,得出岩层移动的形式是塌陷式的,移动波及的区域呈圆拱形(如图1–2)。

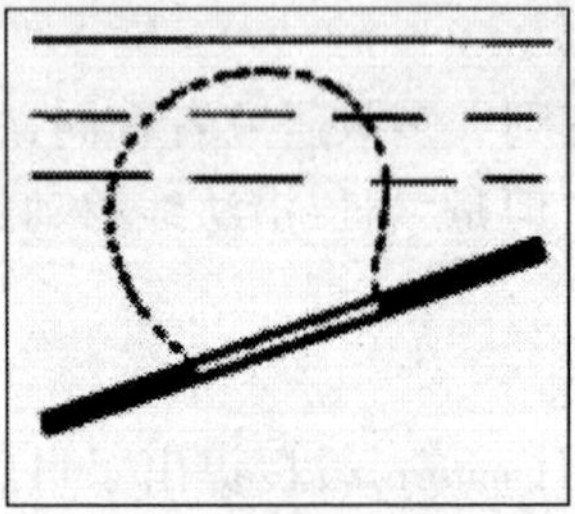

图1–2 圆拱理论图示

同时,Fayol假定,圆拱内的体积通过采动破裂岩石的碎胀作用来充填,充填后圆拱将保持稳定。他还得出,岩石的碎胀系数等于1/200。按照他的观点,当采深等于采厚的200倍时,采出空间将被破裂岩体的碎胀作用充满,地表将不会产生移动。这一观点后来被证实是错误的。但Fayol有关采空区上方存在一个平衡圆拱的理论已成为矿山压力学科中的基本理论之一。

(4)二等分线理论

1876~1884年,德国人Jlcinsky将岩层移动过程分为两个时期,第一时期是迅速塌陷过程,第二时期是岩层移动过程,是由于垮落岩层的被压密,移动过程是缓慢的[14]。他的观点中最重要的是岩层除了垮落外还呈现弯曲和流动形式。其中,他假定岩层产生塌陷,而在冲积层中产生弯曲。

Jlcinsky在大量观测基础上,得到了岩层移动线是通过煤层法线和铅垂线所形成的二等分线,并得到了移动角的计算式:

$$\beta=90°-\frac{\alpha}{2}$$

$$\gamma=90°-\frac{\alpha}{2}\text{(式中 }\alpha\text{ 为煤层倾角)} \qquad (1\text{–}1)$$

Jlcinsky还给出了岩石的体积碎胀系数为0.01,即认为不影响到地面的开采深度为100倍采厚,这与实际是不相符的。

(5)Hausse理论

1895~1897年,Hausse建立了他自己的理论[15]。他认为,在采空区上方直接形成综合移动带—塌落和弯曲,再往上是完全的弯曲带(见图1-3)。

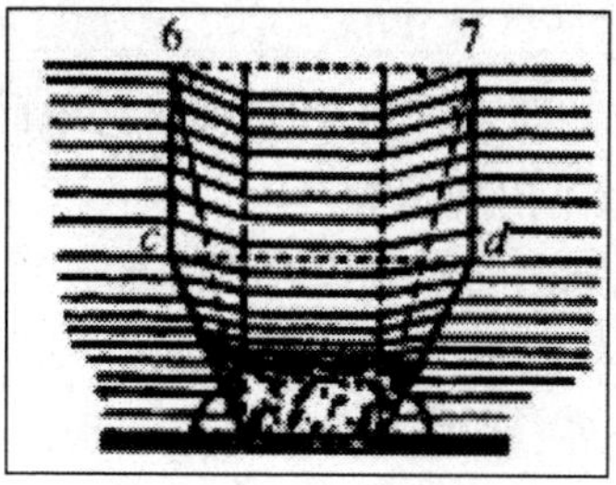

图1-3 Hausse理论图式

他给出的塌落带的高度为30~60倍采厚,认为岩层碎胀系数的变化范围是:非充填开采,碎胀系数0.01,充填开采碎胀系数0.002。对于移动角,他给出了表1-1的值和相应的计算公式如下:

$$\tan\beta = \frac{1+\cos^2\alpha}{\sin\alpha\cos\alpha} \tag{1-2}$$

表1-1 不同倾角的移动角 (单位:°)

α	0	10	15	20	30	35	40	45	50	60	70	80	90
β	70	75	63	61	57	56	54	51	56	56	58	64	70
γ	70	76	79	82	86	88	91	93	95	94	90	80	70

上表给出的β值与现在的观测结果类似,但γ值随着矿层倾角增大而增大的结论与现在的观测结果不相同。

(6)达尔特姆特规则[16]

达尔特姆特煤矿管理局在对地面进行系统观测的基础上获得了下列的角值参数:

①对于含煤地层而言,在任何倾角条件下,γ和δ角等于75°。

当煤层倾角为0°~15°时，β等于75°；当倾角为15°~35°时，β角等于90-α（α为煤层倾角）；当煤层倾角大于35°时，β角等于55°。

②对于煤系上方的泥灰岩来说，下沉角等于70°。

③极限深度是不存在的，只要开采面积足够大，地面将产生下沉。

④对于风力充填或矸石充填，地面下沉可达采厚的40%~50%。

⑤当泥灰岩质的覆盖厚度达120m时，地面仍然出现裂缝，而当厚度为200m时就不出现裂缝。

达尔特姆特规则的一些认识在现在的开采沉陷研究实践中仍具有指导意义。

除了以上理论外，法国人琪里阿拉一板涅提出的正切规则在法国采矿界大受欢迎，即移动角β应为：

$\tan(90°-\beta)=0.5\tan\alpha$（式中$\alpha$为煤层倾角） (1-3)

总的来看，19世纪以前“三下一上”开采尚未形成系统理论，人们虽然进行了一些实践，但并没有成熟理论作为指导。19世纪中叶，人们首先进行了矿山开采沉陷的观测工作。这一时期的观测以地表观测为主，通过对地面房屋损害情况的观测和对地表设立的零星水准点的观测，获得了地表下沉与采厚、工作面长度之间的关系；同时也进行了一些水平移动观测，但尚未形成系统的观测站；人们对岩体内部移动、破坏规律的观测才刚刚开始。

1.2.3 现场实测与规律认识阶段

1901年至二次世界大战这一时段是开采沉陷学的现场实测与规律认识阶段，具体包括三个方面内容。

（1）开采沉陷机理和规律的研究

从20世纪初，各国研究者开始进行岩层与地表移动的系统观测，获得了大量观测资料，并在对资料进行分析的基础上取得如下一些成果。

①关于地表水平移动变形规律[17]

1907年,Korten发表了自己的观测结果,提出了水平移动和水平变形的分布规律。他给出最大水平移动位于采空区边缘的正上方而不存在拐点的水平移距,也认识到在急倾斜开采条件下地表的水平移动可能大于下沉。

②关于老采空区的“活化”问题

苏联专家通过顿涅茨煤田的观测认为,当新采空区临近老采空区时,岩层移动过程加剧、移动角变小,移动向老采空区扩展[18]。这是人们对于老采空区“活化”的初步认识,这一认识至今仍在被采用。

③关于地表移动时间

Schultz通过对沙尔伯留坎煤田的观测,认为移动过程要延续5年,甚至可达10~12年。伊米茨分析了鲁尔煤田50年的资料后发现,主要下沉发生在最初的1~3年,移动过程在5~6年后完全终止。这个时期取得的主要成果如下[19]:a.采深越大,地表移动时间越长。b.采用房柱式开采的地表移动时间比采用全部垮落法开采更长。c.下沉速度大于50mm/d的地表移动为地表下沉活跃期。d.获得了活跃期内下沉占总下沉的百分比数。e.初步得出了移动时间与覆岩岩性之间的关系。f.对地表移动结束的标准进行了讨论但并未获得一致意见。

④关于地表的超前影响[20]

人们已认识到,地表点的移动超前于工作面,其超前的距离与覆岩岩性和开采深度等因素有关。

⑤关于岩层移动

1910年,Puschmann在其著作中首次发表了岩层移动的观测结果(观测站设在开采煤层上方的巷道中)。后来,各国学者相继进行了大量观测,获得成果如下[21]:a.随着远离采空区下沉逐渐减小,其衰减系数为0.004(Puschmann,充填开采)和0.023(Mathilde

矿)。b.采用充填法(水沙充填)开采顶板均匀下沉,层间岩体的弯曲是均匀和连续的,但亦存在裂缝和断裂现象;采用全部垮落法开采岩层断裂严重,存在台阶状下沉现象。c.实地观测到,覆岩离层出现在上部硬岩、下部软岩条件下。d.岩体内部移动变形分布规律和地表移动变形规律的对应关系曲线。

⑥关于移动变形计算

1934年Gluckauf在其著作中提出了Gluckau地表移动f计算方法:对于地表点的影响应当相应有一定的开采范围,这一范围被Gluckauf称为极限角(相当于现在的边界角)的角值确定。地表点的下沉量用开采影响范围的大小确定[22]:

$$W = qm\frac{S}{D} \tag{1-4}$$

式中:

W—地表点的下沉量,m;

S—影响范围的采空区面积,m^2;

D—由极限角确定的开采面积,m^2;

m—开采厚度,m;

q—下沉系数。

后来,他又将对地表点移动有影响的范围分为两带,内带的影响权为2/3,外带的影响权为1/3,内外带的分界线由塌陷角确定。

Bals(1932年)做了如下假定:地壳上全部采空区对于地面上各点的作用犹如两个相互吸引的物体的相互作用一样。这种作用与采空区的体积成正比,与该点至单位采空区的距离的平方成反比,即单位采空区对地表点的作用程度如下[23]:

$$K = \frac{V}{f^2} \tag{1-5}$$

式中:

V—采区的单位体积;

f—地表点至该体积(重心)的距离。

在地表移动计算中,为避免涉及复杂的地质采矿因素,有的学者采用了只关心最后结果的研究方法,对观测到的地表移动曲线采用内插方法建立地表移动计算式。最早的内插公式是[24]:

$$\omega(x)=\omega_0\left(1-3x^2+2x^3\right) \quad (1\text{-}6)$$

$$\left.\begin{aligned}&\omega(x)=\omega_0(1-x)^n e^{ex}\\&n=\frac{1}{r^2}\end{aligned}\right\} \quad (1\text{-}7)$$

式中:

ω_0—最大下沉值;

r—拐点的横坐标;

x—以最大下沉点为坐标原点的横坐标。

对于水平移动他给出了如下计算公式:

$$u(x)=\lambda x^m\left(1-x^n\right)^p \quad (1\text{-}8)$$

式 λ、m、n 和 p 均为常数。

⑦关于地表动态移动规律[25]

1934~1935年,苏联中央矿山测量科学研究所提出了地表下沉速度的概念,标志着人们对地表动态移动规律研究的开始。根据观测资料,获得了地表的下沉速度、下沉、倾斜、水平移动、水平变形的动态变化规律,认识到地表下沉速度曲线随着工作面推进而有规律地推进(B.Д.斯列沙列夫);获得了地表最大下沉点的移动轨迹、移动方向和盆地内点的移动向量,指出了地表移动矢量的交点随工作面的推进而推进;观测分析了地表点下沉速度的周期性特征。

⑧关于盆地内的移动分布[26]

通过现场观测,苏联学者首次给出了地表移动盆地下沉等值线图,获得了地表移动盆地的形状呈近似的圆形并随工作面向前推进而移动。

⑨关于试验研究[27]

苏联在开采沉陷研究中进行了立体模型试验如下：在木头支架上安装一个2.4m×2.4.m×1.0m的木箱，木箱内用粉粒状干燥石英砂粒填至0.8m高度，并在箱底装有一个由64根柱组成的可下降设备，柱的下降高度可达0.16m，用以模拟0.15m厚的矿层开采。该试验获得的开采沉陷规律与实际情况相符。

1901~1945年，人们对于开采沉陷机理和规律的研究以现场观测为主，为以后建立地表沉陷计算模型和进行建(构)筑物下、水体下、铁路下采矿奠定了基础。因此，该阶段又可称为资料准备和收集的阶段。

(2)"三下一上"开采研究

在这一时期，在建(构)筑物下采矿方面取得了一些进展和成果。

①安全开采深度[28]

存在对建(构)筑物不造成破坏性影响的安全开采深度并给出了安全开采系数：

$$k=\frac{H}{m} \tag{1-9}$$

式中 H 为采深，m 为矿层的厚度，k 为安全开采系数。

同时，苏联学者根据顿涅茨煤田的观测成果，给出了不同建(构)筑物、不同覆岩条件下的安全开采系数(见表1-2)和建(构)筑物保护等级。保护等级分三级：Ⅰ级为重要的工业建筑物，其损坏可能危及人身安全和严重破坏生产；Ⅱ级为较不重要的建筑物，它们能够无损地承受不大的变形；Ⅲ级为其他的保护对象。

表1-2 安全系数表

保护等级		Ⅰ		Ⅱ	Ⅲ
覆岩岩性		页岩占多数	砂岩占多数		
矿层倾角	0°~45°	350	400	150	100
	≥45°	400	500	200	100

②地表变形与建(构)筑物损坏的关系

不同的地表变形对建(构)筑物的影响是不同的[29]。1939年,叶尔玛柯夫分析了顿涅茨煤田建(构)筑物损害的资料,结合地表变形给出了建(构)筑物破坏等级与地表变形的关系[30](见表1-3)。

表1-3 建筑物损害等级与地表变形关系(阿威尔辛,1947)

保护等级	倾斜变化($mm\cdot m^{-1}$)	倾斜($mm\cdot m^{-1}$)	水平变形($mm\cdot m^{-1}$)
Ⅰ	2	4	1
Ⅱ	4	8	3
Ⅲ	6	12	6
Ⅳ	8	20	10

从表中可知,其分类等级与现在使用的相同,但在数值上有所变化。这一时期,在铁路下、水体下开采方面的研究进展不大。

(3)矿山开采沉陷观测[31][32]

20世纪20年代,美国、英国、苏联等国对地表移动进行了系统观测,获得了地表的移动变形规律。认识到水平移动对建(构)筑物的危害,并进行了较为精密的导线测量;观测站的设置也从无序发展到设置剖面观测站。1934年,苏联已采用支距仪测量点的横向移动。通过这一时期的观测,获得了较为全面的地表移动规律、地表点的移动过程和地表动态沉陷规律,为进一步研究地表及岩层移动提供了准确数据。同时,对地表建(构)筑物的移动破坏也进行了观测,得出了采动区建(构)筑物损害等级与地表变形的关系,为进行建(构)筑物下采矿设计提供了理论依据。

1.2.4 预测方法和理论建立及实际应用阶段

二次世界大战后到现在是开采沉陷学科从实测研究转向理论研究的阶段。在这一时期建立了大量预测模型、预测方法,开展了建(构)筑物下、铁路下、水体下(上)采矿的理论和实践研究,是开采沉陷学科走向成熟的阶段。

(1)开采沉陷预测理论和预测方法

1947年,阿威尔辛出版了对开采沉陷学科有影响的专著《煤矿地下开采的岩层移动》,其贡献包括[21]:

①地表倾斜与地表水平移动成正比,地表曲率与水平变形成正比,表达式如下:

$$u(x)=B\frac{dw(x)}{dx}=Bi(x) \tag{1-10}$$

$$\varepsilon(x)=B\frac{d^2w(x)}{d^2x}=Bk(x)\text{(式中 }b\text{ 为水平移动系数)} \tag{1-11}$$

②运用数学塑性理论对岩层移动进行了分析,并建立了地表移动的计算方法,首次从理论上完整探讨了岩层及地表移动的计算问题。

③对岩层及地表移动规律、影响因素、预测参数等进行了系统研究,建立了大量的预测方法和公式。这些公式和理论大致可以分为影响函数、剖面函数和数值计算法几类。

a.影响函数

20世纪50年代初,波兰学者Budryk和Knothe提出了影响函数概念,并得出了正态分布型的影响函数。Brauner(1961年)提出了水平移动影响函数概念并确定了制作圆形积分格网的方法。1954年,波兰学者Litwiniszyn将上覆岩层视为随机移动的单元体,采用数理统计方法建立了单元开采地表移动的表达式,这一理论为影响函数从经验走向理论奠定了基础。1981年,何国清将覆岩视为碎块体的移动,建立了地表移动的威布尔预计法[33]。我国学者刘宝琛、廖国华采用与随机介质理论相同的方法建立了概率积分法,该法在煤矿区得到广泛的应用。提出影响函数的学者还有:Beyer(1944年)、Sann(1949年)、Knothe(1957年)、Ehrhardt-Sauer(1961年)、Kochmanski(1957年)、Brauner(1973年)等。

b.剖面函数[34]

剖面函数包括两类:a.以实测分析为基础建立的经验关系式或经验曲线;b.基于理论推导得出的关系表达式。以实测资料为基础建立剖面函数的学者或机构有:阿威尔辛(1947年)、King(1957年)、Knothe(1953年)、Martos(1958,1959年)、Hoffman(1964年)、柯尔平柯夫(1958,1959年)、唐山矿山测量研究所(1963年)、吴戈等(1981年)、王世道(1981年)、曾卓乔(1980,1959年)、郝庆旺(1986年)等。其表达式一般包含2~4个参数,根据地表移动观测资料先确定这些参数,然后再进行地表移动预计。有关经验曲线的方法有:苏联和中国的典型曲线、英国的诺模图等。

剖面函数的另一类建立方法,是以力学理论为基础,通过严密的数学理论推导而建立地表移动预测函数表达式,从而进行地表移动预测。采用连续介质力学方法最有影响的学者是波兰学者沙武斯托维奇(A.Salustowicz,1953)。我国学者刘宝琛(1983年)采用粘塑性梁理论研究了开采沉陷规律,获得了地表下沉盆地全剖面表达式。利用连续介质力学研究开采沉陷规律的学者还有:Lisowski(1956年)、Hackett(1959年)、Dymek(1961年)、Iman(1965年)、Cherny(1966年)、白矛(1983年)、李增琪(1983,1985年)、郝庆旺(1985年)、邹友峰(1988年)、邓喀中(1993年)等等。采用连续介质力学计算开采沉陷的关键问题是理论上要求介质必须是连续的,而实际上覆岩层存在冒落带、裂缝带、弯曲带、层间离层,这些条件都不满足连续介质条件,因而必然会带来计算上的偏差。

剖面函数法的最大缺点是要求工作面是矩形或近似矩形,它对任意形状工作面的地表移动变形预测则不适用。而影响函数法对于任意形状工作面的预测却是适用的。因此近年来,剖面函数有逐渐被影响函数取代的趋势。

c.数值计算法[35]

20世纪60年代后期,随着计算机的广泛应用,有限单元和边界元在岩土力学中得到广泛应用,并开始应用于开采沉陷计算和机理分析。应用数值方法研究地表移动的学者主要有:Dahl(1967,1969,1972年)、Brawn(1968年)、Pothini(1969年)、Lee & Strauss(1969年)、Nair(1969年)、Kratzsch(1970年)、Ishijima & Isobe(1973年)、Mueller(1973年)、Mozuder(1974年)、Dahl & Choi(1975年)、Shoemaker(1978年)、耿德庸(1980年)、王燕侠(1981年)、高金英(1981年)、王遗南(1982年)、于政喜(1982年)、陈岗(1985年)、张玉卓(1985年)、高延法(1985年)、邓喀中(1986年)等。

采用数值计算的关键是岩体参数的选取,对于此问题吴戈等采用了模型识别和参数识别的方法,先通过实测资料确定参数,然后进行计算。近年来,随着离散单元法的兴起,采用离散单元考虑下部冒落岩体,采用有限单元或边界元模拟弯曲部分岩体已成为研究的重点。

④预测参数的研究[36]

模型建立后,预测参数的准确性即决定预测的精度,因此许多学者都对预测参数进行了大量研究,研究了各种参数与开采方法、覆岩岩性、结构、矿层倾角、采动程度、冲积层厚度等影响因素之间的关系。我国学者耿德庸和仲惟林(1980年)提出了用岩性综合采煤系数反映不同地区岩性的变化,给出了各参数的预测公式。近年来,随着开采深度增加、地表采动程度减小,因而地表移动参数发生了变化,国内外学者对采动程度影响参数问题进行了系统研究,取得了一些有价值的成果。但是对深部开采时的开采沉陷规律、预测方法尚待进一步研究。

⑤特殊地质采矿条件下地表移动规律和预测方法的研究

特殊地质采矿条件,是指断层、褶曲、厚含水冲积层、山区等条件[37]。对于断层影响下的地表移动规律研究目前已取得了一些进展。屠尔昌宁诺夫(1977年)指出,在断层露头处变形集中,而其他地方则显著减小。英国的A.J.Lee等学者在20世纪60年代中期对收集到的29个断层影响观测资料进行了统计分析,他们指出,断层有时能吸收变形,断层滑移与开采深度无关,重复采动时沿断层面往往产生与采厚不成比例的更大的滑移量。科瓦尔契克(1982年)指出,断层露头的台阶为正常情况下该处位移和岩块滑动位移之和。张玉卓(1985年)通过实测资料分析、理论分析和边界元计算,研究了平面问题的断层滑移问题,给出了过断层的剖面下沉方程和边界元计算程序。张华兴等(1992年)提出了适合断层影响的计算方法——断层影响计算函数。

彼图霍夫(1979年)对褶曲条件下地表移动规律进行了专门研究,他提出了开采向斜煤层时岩层及地表移动的类型。他按褶曲两翼矿层倾角不同分为三种类型,研究了各种类型的变形特点及地面出现台阶的条件。李永树(1991年)将褶曲构造矿层按轴线划分为单斜构造矿层和对开采区域实行曲面积分的方法,给出了曲面分布矿层和任意形状工作面开采条件下地表移动的预测方法。

关于山区开采地表移动问题,颜荣贵(1981年)运用开采影响理论中直线传播原理导出了山区地面下沉的剖面方程。伍俊鸣、田家畸(1981年)根据观测资料假设山区地表移动是单纯开采作用和采动影响下的滑坡作用两因素的综合影响,并将实测曲线分解为两种因素的单独影响曲线。何万龙(1981,1982,1983,1984年)将山区地表移动分为开采影响下平地移动和滑移影响下的移动之和,给出了不同影响条件下的影响函数,近年又对滑移机理进行了力学分析[38]。

关于厚含水冲积层失水对地表移动规律的影响问题,波兰学者J.什泰拉克曾详细研究了含水层失水引起的地表沉陷问题,给出了失水条件下岩层及地表移动图式(鲍莱茨基,1972年)[39]。马伟民、邓喀中等人(1989年),通过对现场实测资料分析得到了厚冲积层矿区地表移动的规律。北京开采研究所、淮北矿务局(1988年)等单位对失水土体的物理力学特性进行了研究,得到了失水后土体孔隙度的变化规律，等等[40]。

关于重复采动条件下地表移动问题，苏联在顿巴斯矿区实测基础上，给出了重复采动地表的“活化”机理、地表移动计算方法（B.A.布克林斯基）。其主要思想是：第一次采动已使岩体破裂产生碎胀，碎胀结果使地表下沉小于采厚；重复采动时已产生碎胀的岩体不再产生碎胀，从而减小了岩体的碎胀量而使地表移动增大。王悦汉、邓喀中等（1998年）根据实测资料，给出了初次采动和重复采动下沉系数的计算方法。马伟民、朱维毅（1982年）通过相似材料模拟，研究了煤层群重复开采岩层及地表移动规律与机理，给出了重复采动加剧系数的经验公式。郝庆旺（1986年）提出，空隙扩散理论可用于计算重复采动、含水层失水等情况下的地表移动。H.Kratzsch（1974，1983，1986年）对于煤层群开采的相互影响以及采空区留矿柱的影响进行了研究，提出了重复开采的几种模型；同时对重复采动移动角、边界角的变化也进行了研究，得到了较为实用的公式[41]。

关于房柱式开采地表移动问题，英国、美国、南非等国在房柱式开采时矿柱的稳定性、尺寸留设方法等方面获得了大量成果，重点研究了矿柱的高宽比对矿柱定性的影响。耿德庸（1980年）通过有限单元计算分析给出了条带法开采参数与全采参数的关系。吴立新等（1994年）建立了条带开采的“托板”理论和相应的地表移动计算方法。邹友峰（1995年）建立了条带开采的三维层状介质理论和相应的开采沉陷计算方法。邓喀中等（1992年）通过有限单元模拟和现场实测，研究了多煤层条带开采地表移动计算的参数问题。英国的Wi1son通过对5个短壁开采和5个房柱式开采资料的分析，得到房柱式开采地表下沉系数与用Salamon公式计算得到的安全系数k有关并随k值的增加而减小[42]。

（2）“三下一上”采矿研究

二次世界大战后，“三下一上”开采的理论和实践取得了长足进展，真正做到了在理论指导下进行开采设计和实践。

①建筑物下采矿研究[43]

苏联通过对大量实测资料分析，获得了建筑物移动变形与地表移动变形的关系，制订了采煤建筑物损害和保护的有关标准，建立了建筑物地基附加反力和建筑物附加内力的计算方法。在这些理论的指导下，后人又提出了一系列保护采动区建筑物的措施和方法。波兰、英国、德国、中国等国学者也对采动区建筑物的设计和保护方法进行了大量研究，提出了许多实用的方法和措施。

②线性构筑物下采矿研究

铁路、公路、输电线、管道下采矿亦取得了实际进展。对铁路线路的动态移动变形计算、线路的维修措施、保护方法等进行了系统研究，目前这一技术已基本成熟，国内外相继在各级铁路下开采矿层，采取维修措施可保证铁路安全通行。兖州矿务局采用放顶煤开采方法开采矿区铁路支线下压煤获得成功，铁路线路最大下沉速度达218mm/d，采用维修措施保证了铁路正常运输（1995年）。我国还相继在铁路的附属设施（桥梁、涵洞、隧道等）下进行了采矿。桥下采矿的有：北票台吉矿在双孔（每孔跨度10m）钢板桥下进行了采矿，开滦唐家庄矿在四孔（每孔跨度8.46m）混凝土桥梁下进行了采矿，等等[44]。

③水体下（上）采矿研究方面

水体下采矿的理论大多是在二次世界大战后发展起来的。通过对现场覆岩破坏规律的实测分析，获得了覆岩破坏高度预测方法、水体下采矿防水矿柱留设方法和水体下采矿防护措施等。我国水体下采矿的研究处于世界前列，通过对覆岩破坏规律的现场观测，提出了不同岩性条件下冒落带、导水裂缝带高度计算方法，开展了水岩耦合研究和裂隙岩体渗流与应力耦合研究（张金才，1997年）。刘大泉院士（1998年）通过多年研究，得到了露头区覆岩破坏的变异规律，提出了露头区三类煤柱的优化设计理论与方法以及含水层、隔水层质量的定量—半定量采煤方法。

水体上采矿的研究早已为世界各国所重视，尤其是对底板破坏规律、底板承压水上升规律、底板的突水规律等有了深入认识。1944年，匈牙利学者韦格、弗伦斯第一次给出了底板相对隔水层概念，指出煤层底板突水不仅与隔水层厚度有关，而且还与水压有关。苏联В.Д.Слесарев（1948年）假定回采空间的底板岩层为两端固支、受均布载荷作用的梁，推导出了底板突水的预测公式。刘天泉（1981年）提出了矿层底板岩体破坏的“三带”概念，即底板自上而下由鼓胀开裂带（8~15m）、微小变形与移动带（20~25m）、应力微变化带（60~80m）三带组成。李白英等学者对底板突水机理的研究，初步建立了底板突水预测预报理论体系。在这些理论的指导下，提出了底板突水的防治措施和承压水矿层开采措施，初步形成了承压水上开采的理论体系[44]。

（3）矿山开采沉陷治理技术

开采沉陷治理技术包括以下两个方面：一是控制地面沉陷，二是恢复地面环境。

①开采沉陷控制技术[45]

开采沉陷控制技术是“三下一上”开采的关键，通过多年研究，学者提出了控制地表变形的协调开采、长工作面开采、合理布置工作面等开采措施。对控制地表沉陷的条带开采、房柱式开采、充填开采进行了大量研究，提出了一系列的理论和方法，包括矿柱尺寸大小与覆岩结构、采深、采厚等的关系，并研究了矿柱的长期稳定性。对离层注浆减沉的理论和方法进行了理论和实际应用研究。在理论方面，研究了离层裂缝发育位置、大小、工作面最佳开采区间、浆液扩散半径、注浆孔间距等；在实践方面，开展了离层注浆减沉工艺、离层注浆减沉率等的现场研究，取得了离层注浆减沉的效果。有关离层注浆减沉的研究始于苏联，曾有高压注浆减缓地表沉降和变形的专利，在波兰的文献中也曾提到离层注浆减沉率为20%~30%。我国于1967~1968年曾在抚顺胜利矿进行离层注浆减沉试验，注入黄泥304m³，折合固体形态黄土量87m³，注浆压力为2~9MPa，获得减沉率为67%。但是，也存在一些问题，如减沉率采煤、浆液扩散半径计算、离层注浆减沉后地表移动计算方法等，有待进一步研究完善。

②环境治理技术[46]

开采沉陷的环境治理内容主要是矿区土地复垦。近年来，矿区土地复垦已从恢复耕地向生物复垦、建筑复垦转化，即不仅考虑将土地恢复成原状，而且要在此基础上提高土地利用的质量和效益，通过复垦对土地进行改良，使贫瘠的土地更加肥沃。

近年来，利用老采空区上方废弃塌陷地进行建筑已成为人们研究的重点。通过10多年研究，获得了老采空区“活化”机理、规律、地基采煤方法和老采空区处理方法等研究成果。

(4)矿山开采沉陷观测[47]

矿山开采沉陷观测已从观测地表的移动发展到观测岩层移动，苏联采用钢丝垂球法、同位素子弹等进行了岩体下沉的大量观测，获得了岩体内部移动的大量数据(Kolebaeva，1968年)，绘制了岩体内部移动等值线。1983年，Conroy和Gyarmaty采用钻孔伸长仪(full profile borehole extensometer)、钻孔测斜仪(full profile borehole inclinometer)观测了岩体内部的竖向和横向移动，首次获得了岩体内部的水平移动分布规律，并观测到了岩体沿层面的滑移和离层现象。

在覆岩破坏规律观测方面，我国先后采用钻孔冲洗液法、钻孔电视、瞬变电阻率法、地质雷达等方法观测了覆岩破坏规律，建立了覆岩破坏高度经验计算式，为水体上(下)采矿提供了理论依据，保证水体下(上)采矿安全，提高了开采上限。

1.3 文著的主要思路与研究内容

1.3.1 主要思路

调查清楚宁东煤田由于采煤而引发的各类沉陷灾害种类、危害程度、主次等，通过先进的观测方法与手段对采煤沉陷等主要灾害应用多种方法进行观测、对比，从中找出灾害发生、发展规律，从而进一步建立相应的模型来对主要的沉陷发展趋势进行预计和预测，然后根据各类沉陷的实际特点提出科学合理的开采前预防和开采过程中及开采后的具体治理方法与办法。

1.3.2 文著主要研究内容

(1)文著研究的主要内容

宁东煤田地质灾害及环境问题突出。主要有地表位移盆地、塌陷坑、地裂缝、顶板突然冒落、煤矿突水危害、煤层自燃等灾害。近几年虽采取了一些预防和治理措施，但近年来随着煤炭产量的直线式剧增，采煤引起的各类地质灾害加剧，尤其以地表沉陷灾害为甚[48]。针对现状，本文研究内容包括以下几个方面：①宁东采煤区出现的因采煤而发生的沉陷地质灾害现状调查、规律归纳与总结。重点调查采煤区历史沿革与现状，沉陷的种类与影响程度调查，采区的地质构造、水文地质条件，采煤区煤炭开采状况与生产能力，地质灾害的发生与发展基本规律等现状调查。②采煤引起的主要地质灾害监测、变化规律及预测的研究。重点监测沉陷过程中覆岩的破坏规律，破坏性比较大的各类沉陷，如大的地面变形塌陷坑、地裂缝、下沉盆地等典型，对其变化规律进行预测，由于每个煤田都具有其独特性，采煤灾害的预测很难用理论公式完全表述，本课题重点应用理论研究和实地观测研究相结合的办法来对灾害进行研究，从而指导煤炭开采与治理工作。③对采煤引起的沉陷灾害具体预防和治理措施的研究。重点包括减轻对地面设施和生态破坏的开采前预防措施研究，已发生的灾害尤其是地表变形治理方法研究。

(2)采煤地质灾害防治的迫切性

我国经济、社会的快速发展,要求开发煤炭资源更应树立科学的发展观,加之全社会发展、环境、可持续发展、循环经济等方面的意识空前提高[49],使宁夏实施开发宁东煤炭资源同时治理采煤灾害具有许多优势和紧迫性:①从采煤区的百姓、采煤企业到地方各级政府对采煤引起的沉陷灾害的认识得到了根本性转变,尤其是规律预测、预防与治理的主动性非常强。②采煤企业和各级政府对开展采煤引起的各类沉陷灾害现状调查、预测预防和治理研究工作在资金等方面给予了积极支持与保证。③开展此项工作的技术力量雄厚。从现状调查、灾害采煤、灾害预测、模拟分析、灾害预防、治理等各方面,都有专业的技术人员在承担,同时及时得到科研院所、大专院校等研究机构的科研人员技术指导与技术合作,为实施好此项目奠定了基础。④实施方案所需的资金扶持。依据矿区总体规划,从矿区实际情况出发,本着对国家、对人民高度负责的精神,对矿区采煤沉陷灾害治理所需的资金进行多方筹措和落实,已经落实的治理基金由三部分构成:企业自筹、区政府匹配、国家扶持。

(3)拟解决的关键问题

①采煤引起的地表沉陷沉降规律与发展趋势预测。

②地表沉陷过程中,宁东采煤区覆岩变化规律观测、研究。

③对灾害状况与程度进行分析、风险性评价,进一步提出如何预防与减少因采煤而引起的地表沉降。

④采用岩土钻掘方面的新技术、新工艺、新方法对采煤而引起的各类地质灾害(如地表沉陷、地表建筑物受损、地下水文地质条件改变、采区生态破坏等)进行治理。

⑤根据当地实际情况,研究出科学合理的采区生态环境保护与治理措施。

(4)难点分析

对宁东煤炭开采区因采煤引起的地质灾害经过前期的调查研究,掌握了灾害的分布、变化规律及造成的损失等问题相对来说容易些。但由于地下采煤过程中每个煤矿、每个井田的地下岩层的性质、结构等复杂而多变,各具特色,而且地质开采条件更是多变的,这些因素决定对采煤引起的沉陷灾害的规律预测将是本课题进行研究的重点和难点,其理论指导只具有特殊性,很难做到普遍性。

(5)预期的研究成果及创新点

①对宁东采煤引起的各类地质灾害进行系统调查、观测、分类研究。

②针对沉陷这一主要灾害,通过一具体试采工作面的覆岩破坏监测方法对比,研究出其规律,同时对工作面覆岩变化发展进行数值模拟,总结出覆岩破坏和地表沉陷的关系、试采工作面地表动态沉陷的流变特性。

③系统对地表移动概率积分法的基础随机介质理论进行了归纳总结。

④针对宁东一具体采煤工作面,对采煤引起的地表沉陷范围、移动变形进行数值模拟,给出结果。

⑤找出宁东采煤沉陷动态变形的规律与特点。

⑥对采煤沉陷灾害对矿区的损害程度系统分析,提出可行、科学的灾害评价实施体系。

⑦采煤区未来地表沉陷趋势预测与规律。

⑧重点研究利用岩土钻掘工程技术在治理采煤引起的沉陷灾害中的实际应用,提出采区生态治理的具体方法。

第二章　宁东采煤区沉陷地质灾害现状

2.1　宁东采煤区地质灾害的种类

宁东煤田经过近百年来的开采，目前引发的地质灾害种类主要有[50][51]：

（1）地面沉降，表现为地表的连续性下沉。

（2）地表塌陷，表现为地表的非连续性下沉。

（3）煤矸石堆放引发的问题。

（4）对采区及周边区域水资源的破坏。

（5）煤矿的自燃。

（6）瓦斯和突水的危害。

（7）具备发生矿震的潜在危险。

其中以地表沉陷灾害最为突出和严重。采区内的这些地质灾害和当地的过度垦荒、过度放牧等综合作用，造成矿区及周边的草原荒漠化、林木枯死、农田绝收[52][53]，如仅灵武矿区恶化的草原和树木枯死的林场达3万亩，使采区内的农牧民失去应有的收入，引起他们上访不断，严重影响当地的社会稳定和经济发展。

2.2　宁东采煤区的地质简况

宁东煤田位于宁夏东部，属灵武、盐池、同心三县管辖。煤田北起红墩子与内蒙古省界分界，南至萌城与甘肃相邻，以吴忠市和固原市的市界为界，西以黄河断裂及青铜峡固原大断裂为界，东以宁夏陕西省为界。南北长104~200km，东西宽80~105km，含煤面积约7482.52km²。煤田由10个矿区和1个勘查区构成，位于北部的红墩子、横城、四股泉、韦州、三眼井勘查区为古生代石炭二叠纪煤矿区，位于中部的自西向东为石沟驿、灵武、鸳鸯湖、马家滩、积家井、萌城6个中生代侏罗纪煤矿区，勘探程度较高，累计探获资源量320.3亿t；查明资源量为274.9亿t，其中已开采煤矿占用资源量79.2亿t，未开发利用资源量195.7亿t。

2.2.1　地质情况

磁窑堡井田和羊场湾井田以及石沟驿勘探区的石沟驿井田。矿区南北长32km，东西宽15km。矿区地势平坦，属半沙漠丘陵地形，海拔一般为1273m左右。属于干旱大陆性气候，昼夜温差大，最高气温42℃，最低气温-28℃，年降雨量为260~300mm，冻土深度1.9m。西靠包兰铁路，银(川)—古(窑子)一级公路、宁(夏)—晋(太原)公路穿过矿区。矿区中心区经由公路到灵武县城25km，至银川42km，银川河东机场离矿区中心区31km，交通十分便利。

矿区现开采的煤层属于中下侏罗统延安组，共有38层，可采及局部可采煤层17层，可采煤层平均总厚度22.37m，含煤面积198km²。探明地质储量28.39亿t，精查储量21.1亿t。煤质属低灰、低硫、低磷、低燃点、高化学活性、发热量较高的不黏结煤，是良好的动力煤，并可作为造气和制造活性炭、半焦、煤制木炭的原料煤。矿区煤炭资源储量丰富集中，赋存稳定，埋藏较浅，地质构造及水文地质条件简单，低沼气，开采技术条件优越。采煤区属宁夏煤业集团有限责任公司管辖。采煤沉陷情况主要涉及磁窑堡和石沟驿两个区域。磁窑堡采煤区主要包括第14地质勘探线以北地区的磁窑堡煤矿、灵新煤矿、羊场湾一矿等煤矿；石沟驿采煤区包括石沟驿煤矿。

(1)磁窑堡采区

磁窑堡采煤区包括磁窑堡井田(又称灵新井田)的全部和羊场湾井田的北部(一矿采区境界)。磁窑堡(灵新)井田位于宁夏首府银川东南方向,灵武市磁窑堡镇境内。井田范围东以磁窑堡东侧逆断层为界,南以第13勘探线为界,西和北以16煤露头线为界。其地理坐标:东经106°37′~106°40′,北纬38°01′~38°08′。井田南北走向长11.0km,东西倾向宽2.45km,面积28km²。本井田地质储量为36744万t,可采储量为27200万t。

磁窑堡井田内现有磁窑堡煤矿和灵新煤矿在开采。磁窑堡煤矿主要开采2号煤和6号煤,其开采范围北起08地质勘探线,南至13地质勘探线,西起2号、6号煤层风氧化带露头,东抵+1050m水平,走向长4.34km,斜长1.6km,面积6.7km²。灵新煤矿主要开采14、15、16号煤层,其此前的开采范围在08地质勘探线以北,目前正在向南拓展。

羊场湾井田位于宁夏回族自治区灵武市磁窑堡镇境内。其地理坐标:东经106°35′~106°36′,北纬37°59′~38°03′。羊场湾一矿是羊场湾井田的第一采区,位于羊场湾井田北部,主要开采2号煤。采区范围北起第13勘探线,与磁窑堡井田毗邻,南至第14勘探线,上部起于2号煤层露头,下部以上组煤+1050m等高线为界。南北走向长0.9~1.5km,东西倾向宽1.5~3.0km,面积4.5km²。采区内地质储量为5516.8万t,可采储量为3496万t。

(2)石驿沟采煤区

石驿沟采煤区只包括石沟驿一个井田。该井田地处毛乌素沙地边缘,远离村庄、城镇,处于宁夏灵武市白土岗乡境内,面积10km²左右。吴(忠)—马(家滩)公路从矿区穿过,北距吴忠市40km,西北距首府银川98km,经过211国道可达银川、青铜峡及相邻近的陕甘地区,交通十分便利。1998年以前主要开采1号煤,自1998年开始开采6号煤,现在井田内1号煤资源近于枯竭。

2.2.2 宁东采煤区地层简况

本区地层分区属于华北地层区、鄂尔多斯盆缘分区、马家滩小区。地表被第四纪沙、砾及黄土广泛覆盖，古生界地层埋藏很深。主要含煤岩系及其上覆岩层简介如下（表2-1）。

中下侏罗统延安组（J_{1-2y}）：区内主要含煤地层，为灰白色石英长石砂岩、粉砂岩，灰黑色、深灰色砂质泥岩、炭质泥岩和煤层。厚度289~424m，平均厚358m。

中侏罗统直罗组（J_{2z}）：以灰绿色粗、中—细砂岩，灰及灰白色砂岩和粉砂岩为主，底部为厚层粗—巨粒含砾砂岩。本组地层砂体疏散易碎，质地松软。因遭受剥蚀保存不全，残留厚度9~426m，平均残留厚度100.92m。在磁窑堡区分布广泛，在石沟驿区仅出现在石沟驿向斜核部。中侏罗统安定组（J_{2a}）：以棕红、棕紫色粉砂岩、细砂岩及泥质岩为主，夹中粗粒长石砂岩和含砾砂岩。区内大部分地区的安定组已被剥蚀无存，仅在磁窑堡向斜核部残留其底部一部分地层。厚度0~601m，平均厚度360m。

第四系（Q）：由风成沙、黄土、冲积沙土、亚砂土、沙砾石层组成。厚度0~69m，平均厚度10m。

表2-1 采煤区煤系及其上覆地层简表

界	系	统	地层名称	代号	层厚(m)	岩性简介
新生界	第四系			Q	0~69	风成沙、黄土、冲积沙土等
中生界	侏罗系	中统	安定组	J_{2a}	0~601（残留）	粉砂岩、细砂岩及泥质岩为主，夹中粗粒长石砂岩和含砾砂岩
			直罗组	J_{2z}	9~426（残留）	粗中—细砂岩、粉砂岩、含砾砂岩
		中下统	延安组	J_{1-2y}	372.73（磁窑堡）694.0（石沟驿）	砂岩、粉砂岩、砂质泥岩、碳质泥岩和煤层

2.2.3　宁东采煤区区域地质构造简况

宁东煤田位于鄂尔多斯盆地西缘，地质构造以褶皱为主，断层稀少。正在开采的矿区地质构造分述如下[54]：

磁窑堡区地质构造主要表现为由三叠系、侏罗系地层组成的宽缓开阔的复式褶皱。自西向东有面子山向斜、刘家庄—碎石井背斜、四耳山向斜、黑疙瘩背斜、磁窑堡—长梁山向斜。轴向大致南北，轴面东倾，均向南倾伏。南边被烟筒山断层切断，东边被磁窑堡东侧断层切断。磁窑堡—长梁山向斜系磁窑堡区内的主要褶皱构造。该向斜轴向近南北，向南倾伏，两翼不对称，西翼倾角较缓，一般12°~14°，东翼倾角较陡，在本采煤区范围内达46°~48°。此外在本采煤区北部，还有两个属于磁窑堡向斜分支构造的低序次小型褶皱。

构成区域边界的深大断裂主要有磁窑堡东侧断层。磁窑堡东侧断层为本采煤区东部边界，走向近南北，断面东倾，倾角70°的逆断层，最大断距可达300m。区内断层稀少，勘探中仅见三条小断层。区内地层倾角一般为10°~15°，走向近南北。受磁窑堡东侧逆断层牵引，磁窑堡向斜东翼局部出现急倾斜地层，倾角可达80°。

石沟驿区地质构造主要表现为宽缓的椭圆形盆状向斜，轴向N20°W。轴部地层近于水平，两翼倾角一般在10°~23°，东翼稍陡。在向斜边缘地层倾角可达40°左右。在开采范围内，1号煤层的倾角仅0°~14°，6号煤层的倾角6°~34°，局部达40°，未发现其他构造。

2.2.4　宁东开采区水文地质简况

区域内地表属低缓剥蚀残丘地貌，四周高，中间低，受水面积大，但地表基岩仅零星出露，沙丘广布，气候干旱少雨，区内既无深大断裂，也无较大的地表水系，地下水补给来源贫乏，主要受有限的大气降水及沙漠凝结水补给，水文地质条件简单，生态环境十分脆弱[55]。

西天河为区内唯一的常年地表水流，发源于五疙瘩之东麓，全长30余km，自南向北纵贯磁窑堡井田至旧磁窑折向西流，经灵武西北汇入黄河。河水来源以沙漠凝结水为主，雨季有地表水汇集补给。最大洪水流量为66.8m³/s，最小流量为4.43m³/s，平均流量6.59m³/s。其支沟回民巷冲沟斜穿采煤区西北部，平时无水，暴雨时方有暂时性洪流，地下开采引起地表沉陷后，洪水可能造成井下涌水量增加。

无论是磁窑堡采煤区还是石沟驿采煤区，都存在大量小(古)窑，老空区积水对矿井安全生产威胁很大。例如，1961年9月8日，石沟驿煤矿的前身跃进井被老窑水淹没，日排水量达到1200t，排水60余天，停产7个月之久。1998年12月31日，磁窑堡煤矿扩建井被老窑水淹没，幸好当时恰逢煤矿放假，未造成人员伤亡，否则后果不堪设想，但矿井因此而排水20余天，停产近2个月。

2.2.5 宁东开采区煤层与煤质简况

延安组共含煤38层，煤层平均总厚度27.79m，含煤系数为7.8%。可采及局部可采由上而下顺序编号的煤层共17层，参加储量计算的煤层14层，平均总厚22.37m。其中，2、6、13、14、15、16号煤为磁窑堡区主要可采煤层，1、2、3、4、5、6号煤为石沟驿区可采煤层。

各煤层精煤挥发分大多为20%~37%，属低变质煤Ⅰ阶段，煤种为低灰、特低硫、特低磷、低燃点、高化学活性、发热量较高的不黏结煤(磁窑堡区)和长焰煤(石沟驿区)。

煤层特征分别见表2-2和表2-3。

表2-2 磁窑堡采煤区煤层特征统计表

含煤地层	煤层名称	煤层厚度 最小~最大(m)	层间距 最小~最大(m)	煤层结构	煤层稳定性	分布范围	煤质类别
延安组	2	4.19~10.21	30.82~74.84	复杂	稳定	全区	不黏煤
	6	1.01~3.72	112.8~197.7	简单	稳定	全区	不黏煤
	13	0.42~2.36		中等	稳定	全区	不黏煤
	14	0.07~3.56	2.06~36.57	简单	稳定	全区	不黏煤

续表

含煤地层	煤层名称	煤层厚度 最小～最大(m)	层间距 最小～最大(m)	煤层结构	煤层稳定性	分布范围	煤质类别
延安组	15	0.7～4.64	6.11～17.66	中等	稳定	全区	不黏煤
	16	2.79～6.66		复杂	稳定	全区	不黏煤

表2-3　石沟驿采煤区煤层特征统计表

含煤地层	煤层编号	煤层厚度 最小～最大(m)	层间距 最小～最大(m)	煤层结构	煤层稳定性	分布范围	煤质类别
延安组	1	1.95～7.98		简单	稳定	全区	不黏煤
	2	0～2.11	75.11~92.0	简单	较稳定	全区	长焰煤
	3	0.28～1.82	23.7~30.25	复杂	不稳定	局部	长焰煤
	4	0.82~1.24	1.49~14.6	简单	稳定	全区	长焰煤
	5	0～1.35	0.62~10.03	简单	不稳定	局部	长焰煤
	6	1.18～2.47		简单	稳定	全区	长焰煤

2.2.6　其他开采技术条件

瓦斯：各主要可采煤层瓦斯含量为0.010~0.47m³/t，属于低沼气矿井。

煤尘：各煤层均有煤尘爆炸危险，煤尘爆炸指数一般大于10%。各煤层均有自燃倾向，属易自燃发火煤层。

地温：在垂深300m以内，地温在17.4~22.7℃之间，平均为19.37℃，为无高温矿井。

2.3　宁东采煤区的开采状况

2.3.1　磁窑堡矿区

区内小窑开采始于明清，迄今已达数百年之久。

磁窑堡煤矿是由地方小煤窑逐步发展起来的。一号井(北部老矿井)早在1949年以前就有小窑土法开采2号煤上部2m左右的煤层，至1949年时年产仅3000多t，1955年停产。二号井(新竖井)1953年开始建设，1955年投产，设计能力年产5万t，1955年扩建为年产10万t，1975年封停。新斜井1971年投产，设计能力为年产15万t，开拓方式为单水平反斜井，开采方法为倾斜分层走向长壁式。1986年进行技术改造，设计能力45万t。现在已形成设计能力90万t(大井50万t，C16采区25万t，三采区15万t)，实际生产能力达到100万t的大型矿井。现阶段生产情况正常，经营状况良好。1949~2002年9月累计生产原煤1430.43万t。

灵新煤矿是国家"八五"期间投资建设的大型矿井，于1985年开工建设，1997年12月25日建成投产。设计生产能力为年产240万t，核定生产能力为年产240万t。矿井开拓方式为斜井单水平上下山开拓，采煤方法为走向长壁全部垮落法。现生产采区有一采区、二采区、三采区。其中一、三采区开采下煤组14、15、16煤，为煤层群开采。采掘装备主要有三套综采，综采单面生产水平已达到年产100万t以上。矿井装备水平高，技术先进。矿井自投产至今已累计采出煤量540.3万t，剩余储量40940.1万t。

羊场湾煤矿羊场湾煤矿分一号井和二号井，两井生产系统独立，均采用斜井开拓，井田内含煤岩系主要为早、中侏罗系延安组，共含煤20~39层，平均总厚度32.44m，含煤系数11.3%。2006年12月集团公司将原羊场湾煤矿和磁窑堡二矿整合组建为羊场湾煤矿。2007年原煤产量突破1000万t，2009年一号井单井首次超过1000万t。2010年产量突破1800万t，跻身全国特大型千万吨级现代化矿井前列。

2.3.2 石沟驿矿区

石沟驿井田内的煤炭开采已有近百年的历史，在1964年完成的地质勘探中，共实测老窑380个。较大规模的开采始于1958年，当年1月建成一个斜井，名为跃进井，主要开采老窑区内的一号煤，年产原煤5万t。石沟驿煤矿于1965年开始建设，1969年10月正式建成投产。1998年以前主要开采1号煤，1998年以后，主要开采6

号煤。矿井原设计生产能力年产15万t,后经多次改造实际生产能力达到30万t。1989年底,矿井1号煤可采储量枯竭。之后,该矿一方面在老井采空区及井田边界露头附近进行1号煤残复采,同时,开始开采6号煤。1969~1990年年底,共生产原煤496.7万t;1991~2001年底,共回收煤炭资源(1号和6号煤)达575.44万t;合计共回收原煤1072.14万t。

各采煤区开采情况详见表2-4。

表2-4　采煤区各矿井开采情况一览表

<table>
<tr><th colspan="2">矿井名称</th><th>开采煤层</th><th>煤层倾角(°)</th><th>累计采厚(m)</th><th>开采深度(m)</th><th>开采方法</th><th>顶板管理方法</th><th>开采时间(a)</th></tr>
<tr><td rowspan="7">磁窑堡煤矿</td><td>老一号井</td><td>2号</td><td rowspan="7">12~14</td><td>2</td><td>浅部</td><td rowspan="2">土法、房柱式</td><td rowspan="2">缓慢下沉法</td><td>1949~1955</td></tr>
<tr><td>老二号井</td><td>2号</td><td>2</td><td>浅部</td><td>1955~1975</td></tr>
<tr><td>新斜井</td><td>2号</td><td>4</td><td></td><td rowspan="3">倾斜分层走向长壁式</td><td rowspan="5">全部垮落法</td><td>1971至今</td></tr>
<tr><td>扩建井</td><td>2号</td><td>10.6</td><td>208</td><td>1989至今</td></tr>
<tr><td rowspan="2">老井</td><td>6号</td><td>2.2</td><td>114</td><td rowspan="2">1950~1972</td></tr>
<tr><td>2号</td><td>7.5</td><td>163</td><td rowspan="2">单一走向长壁</td></tr>
<tr><td>三采区</td><td>6号</td><td>2.2</td><td>114</td><td>1995至今</td></tr>
<tr><td rowspan="3">灵新煤矿</td><td>一号井</td><td>2号</td><td>8.5</td><td>1.7</td><td>101.5</td><td rowspan="3">走向长壁式</td><td rowspan="3">全部垮落法</td><td>1990.1至今</td></tr>
<tr><td>二号井</td><td>14号</td><td>16</td><td>2.45</td><td>162</td><td>1992至今</td></tr>
<tr><td>灵新大井</td><td>15号</td><td>12</td><td>2.9</td><td>59~255</td><td>1997至今</td></tr>
<tr><td colspan="2">羊场湾一矿</td><td>2号</td><td>12</td><td>8.4</td><td>39~230</td><td>倾斜分层走向长壁式</td><td>全部垮落法</td><td>1995.10至今</td></tr>
<tr><td rowspan="4">石沟驿井田</td><td>跃进斜井</td><td>1号</td><td>0~18</td><td>2</td><td>30~60</td><td>房柱式</td><td>缓慢下沉法</td><td>1958~1972</td></tr>
<tr><td>三号井</td><td>1号</td><td>0~14</td><td>4</td><td>60~80</td><td rowspan="3">走向长壁式</td><td rowspan="3">全部垮落法</td><td>1969至今</td></tr>
<tr><td>一号井</td><td>6号</td><td>0~34</td><td>2</td><td>46~230</td><td>1997至今</td></tr>
<tr><td>二号井</td><td>6号</td><td>6~22</td><td>2</td><td>75~450</td><td>1991至今</td></tr>
</table>

2.3.3 采煤地质灾害引起的损害调查

宁夏东部的煤田经过近半个世纪的加速开采，目前各类地质灾害的危害现状与程度有：

(1)地面沉降，表现为地表的连续性下沉。如宁东的灵武矿区此类灾害普遍，形成了大面积的采空区。矿区属典型的浅埋煤层，沙、土、石混合类松散覆盖层，特厚煤层及煤层群开采。采空区外侧出现较大的与采空区边缘平行的拉裂裂缝(裂缝间距4~12m)，地表移动破坏十分严重，涉及范围近7km^2。

采煤沉陷对地面建筑物、墓地及交通设施和输电、输水管路、通信线路等构筑物的破坏尤其严重，统计汇总结果详见表2-5。

表2-5 采煤沉陷对地表建(构)筑物破坏情况统计表

建筑物		破坏情况						
		城镇	农村	四级	三级	二级	一级	合计
民用建筑	受灾户数	2673	358	746	796	937	552	3031
	受灾人数	9369	1406	2768	2787	3353	1867	10775
	建筑面积(m^2)	234905	32088	61441	92076	71935	41541	266993
公用建筑(m^2)	学校			2841		10155		12996
	医院			120	3830	1680		5630
	清真寺			3124	3458			6582
	商业网点			1918	2107	3266	2631	9922
	工业厂房			7066	25124	20021	800	53011
	其他			3919	5798	2732	380	12829

构筑物	数量(条)	长度(m)	面积(m^2)
道路(含桥涵)	22	17450	145210
自来水管路		50946	
下水道管路		22053	
供电线路		683140	

续表

构筑物	数量(条)	长度(m)	面积(m^2)
广电线路		16554	
通信线路		41206	
林区草地(亩)			10680
农田(亩)			130

(2)地表塌陷，表现为地表的非连续性下沉。坑深在8~21m左右，坑内及坑边布满裂缝，最大达0.5m，涉及范围达8km²。

(3)煤矸石堆放引发的问题。煤矸石中含有金属、碱土金属和硫化物以及有机成分，不仅侵占了大量宝贵的土地资源，还会因降水淋溶污染地下水，也会因堆积物的不稳定性引发泥石流等动力灾害事故[56]。

(4)对采区及周边区域水资源的破坏。采矿会导致含水层的含水有可能被导空和引起地表潜水位的下降，会引起土地墒情的破坏，造成农作物的减产、绝产和采矿区大范围内工、农业用水及饮用水困难[57]。

(5)煤矿的自燃。因自燃和硫蒸发等排放的H_2S、SO_2、CO_2等造成大气污染，煤炭自燃的原因迄今为止有多种解释，它已成为制约矿区高产高效的主要障碍[58]。

(6)瓦斯和突水的危害。随采掘深度的增加，瓦斯突出的危险性不断加大，瓦斯突出常发生在压扭性断裂带、向斜轴部和煤层扭转、煤层产状突变、煤层厚度突变等地区，瓦斯突出严重威胁着矿山生产和安全[59][60]。由于毗邻黄河，矿坑突水的灾害事故在宁夏也经常发生。

(7)具备发生矿震的潜在危险[61]。矿震震源浅，不仅地面建筑物易遭到损失，而且井下设施也会受到严重破坏。

通过对采煤沉陷现场的大量调查、实地观测和对观测资料的计算、分析与研究宁东开采区域及不同煤层开采引起的地质灾害特点有:①宁东开采区煤炭开采历史久远,该区浅部存在大量的不规则老空区,由于年代久远和被风沙掩埋,这些隐藏在地下的老空区是地表突然出现非连续变形(开裂和塌陷坑)的隐患,而且老空区积水对矿井安全威胁很大;②自宁东大规模开采以来,至今在地表已形成三个采煤沉陷区,其每采万吨煤对地表的破坏程度比国内其他矿区(如辽宁北票矿区3.83亩/万吨)严重得多;③宁东矿区地质、采矿和经济技术条件等方面的特点决定了该区采煤沉陷具有一定的特殊性,采区地处我国西部少数民族聚居而经济相对落后的地区,采煤沉陷对居民住宅和其他建筑物的破坏显得特别突出,对居民生活的影响非常严重;④通过对采区采煤沉陷的面积、程度等进行调查和评估,该区采煤沉陷损害程度极为严重,其沉陷区地表最大下沉值、最大水平移动、最大水平变形等值均已大大超出了国家规定的变形值指标,采煤沉陷地质灾害是宁东采煤引起的地质灾害中最严重的灾害[62]。

采区内的沉陷地质灾害和当地的过度垦荒、过度放牧等综合作用,造成矿区及周边的草原荒漠化、林木枯死、农田绝收,如仅灵武矿区恶化的草原和树木枯死的林场达3万a,使采区内的农牧民失去应有的收入,他们上访不断,严重影响当地的社会稳定和经济发展。研究区煤炭资源的开采深度多在200m以浅,地下开采对地表生态环境影响很大,地面开裂、塌陷随处可见,全区开采面积达990万m^2,沉陷面积16km^2。由于特殊的地理环境,绝大部分地表裂缝形成后很快就会被沙土埋藏,看似连续的地表,在地下实际隐藏有许多裂缝,也构成对相关工程建设的隐患。

2.4 灵新矿一试采工作面的覆岩破坏和动态沉陷观测

2.4.1 灵新矿一试采工作面覆岩破坏监测方法应用对比研究

煤层开采改变了岩体的原始应力场,使得采场周围岩体特别是上覆岩体(简称覆岩)发生破坏。覆岩破坏的范围和程度直接决定着地下采煤提高回采上限的可能性和安全性。因此,搞清覆岩破坏规律就成为解放水体下、岩体下压煤量和保证矿井安全生产所不可缺少的重要内容。而进行必要的现场观测则是获取覆岩破坏基础数据的重要手段[63]。灵新煤矿是灵武矿区的一座大型矿井,设计生产能力为2.4Mt/a。灵新井田走向长10.2km,倾斜宽2.3km,面积23.5km^2,主要可采煤层有6层(二、六、十三、十四、十五、十六煤),平均总厚21.65m,地质储量360Mt,井田内共划分了7个采区,其中5个采区(三、四、五、六、七采区)均位于西天河下,按照60~70m垂高留设防水煤柱,共压煤量18.985Mt。为了实现西天河下安全开采,解放河下压煤,确定了L3314工作面为河下试采工作面。

L3314工作面位于三采区二区段北翼,工作面回风巷道标高+1186m,运输巷道标高+1143.9m,走向长1035m,倾斜长188.7m。工作面开采十四煤,煤厚1.78~2.82m,平均2.38m,煤层倾角13°~18°,平均15°,采煤方法为综采。西天河有两段通过L3314工作面,一段平行L3414机巷,长度为259m,距开切眼长度602~861m,另一段平行切眼,在L3314风巷西天河北岸距开切眼120m,在L3314机巷西天河北岸距开切眼98m,西天河通过工作面长度为230m。为实现L3314综采工作面西天河下安全试采,首先对十四煤覆岩破坏高度与特征进行探测,在L3314综采工作面采空区上方布置2个覆岩破坏观测孔(D1,D2)(图2-1),钻孔开孔直径130mm,终孔直径91mm。本次在灵新煤矿三采区L3414工作面采用钻孔冲洗液法、钻孔超声成像法及钻孔电视法三种方法配合对比使用,有效地弥补了其中一种方法的某些不足,取得了预期效果。

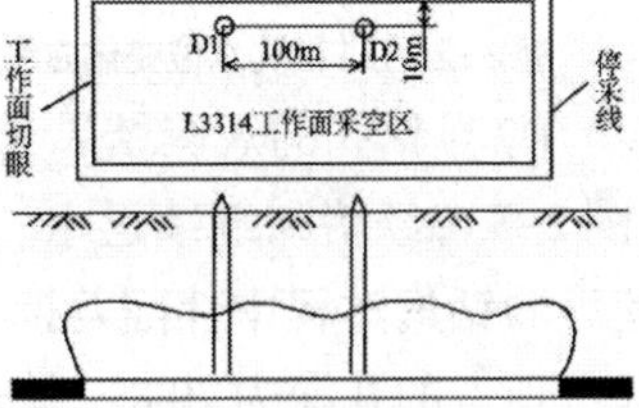

图2-1 钻孔布置图

(1)钻孔冲洗液法

钻孔冲洗液消耗量观测法(简称为钻孔冲洗液法)是通过直接测定钻进过程中的钻孔冲洗液消耗量、钻孔水位、钻进速度、卡钻、掉钻、钻孔吸风、岩芯观察及地质描述等资料来综合判定垮落带和导水裂缝带高度及其破坏特征的一种方法[64][65]。导水裂缝带高度主要是根据钻孔冲洗液消耗量和钻孔水位观测等结果加以确定,垮落带高度则主要是根据钻进异常现象加以确定。

通过对D1,D2所进行的钻孔冲洗液漏失量观测进行分析,D1号钻孔的观测结果分析在孔深58.9m首次出现冲洗液全部漏失现象,随后经堵漏继续返水。至孔深78.1m处循环再次中断,而且漏失量变化情况与钻孔水位下降基本是一致的,经过对比分析认为是受采动影响。至孔深99.2m孔内无水位,出现吸风现象,并在随后的钻进过程中频繁出现掉钻、卡钻情况。经综合分析判断,导水裂缝带顶点的孔深为58.9m,垮落带顶点的孔深为99.2m,煤层顶板的深度为114.6m。经计算,D1号钻孔的导水裂缝带高度为44.2m,垮落带高度为15.3m。图2-2为D1号孔的水位变化曲线图。图2-3为D1号孔冲洗液漏失量变化曲线。

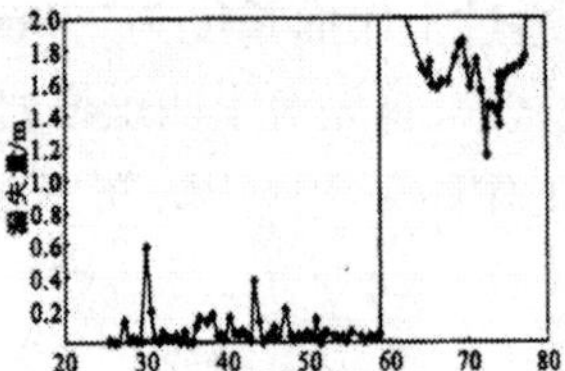

图2-2 D1钻孔水位变化曲线图

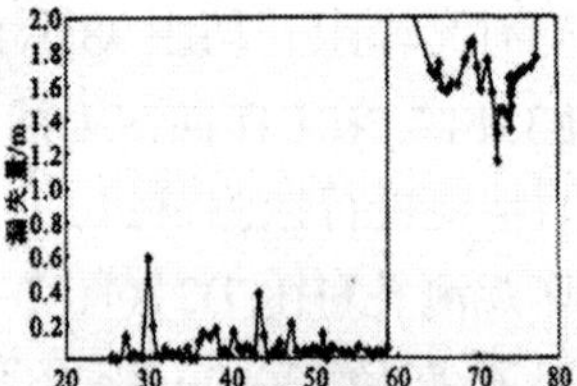

图2-3 D1钻孔冲洗液漏失量变化曲线图

D2号钻孔的观测结果分析在孔深70.8m出现冲洗液漏失现象(图2-4),经堵漏继续返水。在孔深92.1m处出现吸风现象,并在随后的钻进过程中伴随着掉、卡钻现象。经综合分析判断,导水裂缝带顶点的孔深为70.8m,垮落带顶点的孔深为92.2m,煤层顶板深度为112.2m。经计算,D2号钻孔的导水裂缝带高度为41.4m,垮落带高度为20.1m。

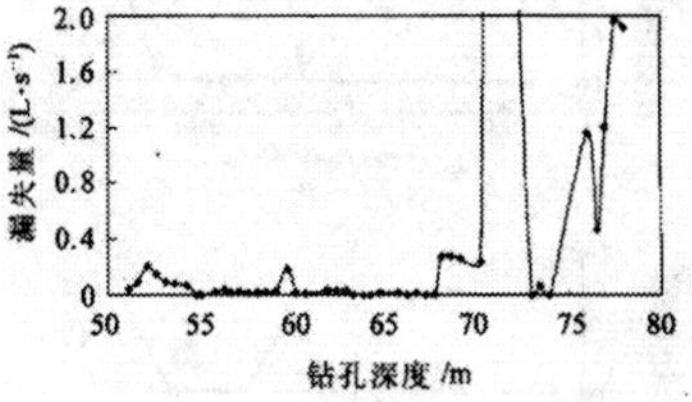

图2-4　D2钻孔冲洗液漏失量变化曲线图

观测钻孔一般均在第四系(表层)下套管止水后开始观测，实测的钻孔冲洗液消耗量和钻孔水位的典型关系曲线分别如图2-5~图2-7所示，一般可分为3种类型，其中之一是从某一孔深位置开始，钻孔冲洗液消耗量明显增大，孔内水位显著下降，而且向下钻进时继续保持这种趋势，直至钻孔冲洗液全部漏失，孔内水位很低或无水(图2-5)；其中之二则是从某一孔深位置开始，钻孔冲洗液突然全部漏失，孔内水位很低或无水(图2-6)；其中之三是导水裂缝带顶界以上的岩层程度不同地出现钻孔冲洗液全部漏失现象，甚至同时伴有孔内水位很低或无水现象(图2-7)。位于浅部区且岩柱尺寸较小的钻孔一般均属前两种类型，而位于深部区及岩柱尺寸较大的钻孔一般则属后一种类型。

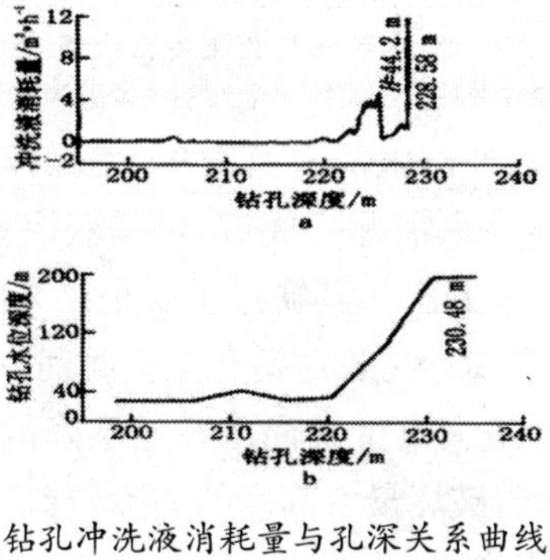

a. 钻孔冲洗液消耗量与孔深关系曲线；
b. 钻孔水位与孔深关系曲线

图2-5　冲洗液消耗量持续增大类型的典型观测曲线图

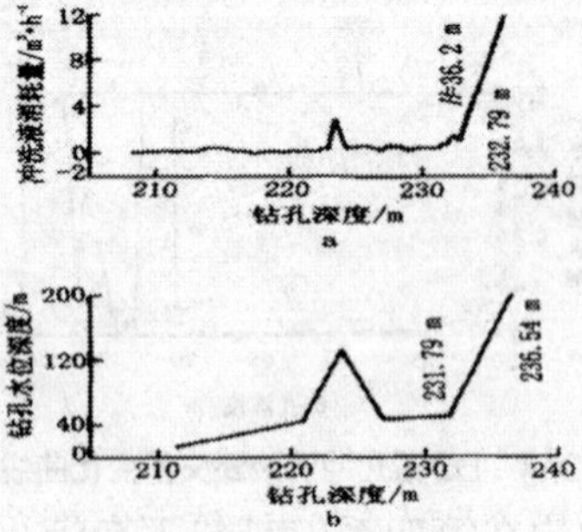

a. 钻孔冲洗液消耗量与孔深关系曲线;
b. 钻孔水位与孔深关系曲线

图2-6　冲洗液突然全部漏失类型的典型观测曲线

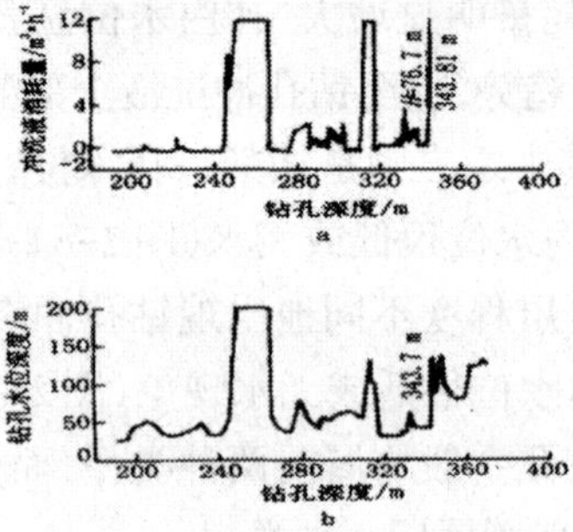

a. 钻孔冲洗液消耗量与孔深关系曲线;
b. 钻孔水位与孔深关系曲线

图2-7　冲洗液在岩层裂隙中全部漏失类型的典型观测曲线

实践表明,钻孔冲洗液法具有简单、易操作、可靠、实用、观测数据较能反映实际导水情况等优点,仍是获取冒落带和导水裂缝带高度及特征的基本方法。其缺点主要是在某些原岩裂隙发育的地区往往不能取得可靠数据;对钻孔施工时间有一定要求,必须在覆岩破坏已发展到最大高度且尚未开始下降的期间内进行观测,否则将确定不到覆岩破坏最大高度的实际位置。

(2)钻孔超声成像法

钻孔超声成像法的基本原理就是利用不同的岩层具有不同的

波阻抗并对声波具有不同的反射能力的特点，通过向钻孔孔壁发射超声波脉冲并接收反射声波，然后根据反射声波的强弱变化所提供的岩层裂隙发育特征等地质信息，再结合裂隙发育特征及变化规律来判定导水裂缝带顶点的位置[66]。所采用的仪器为国产JSX-2A型超声成像测井仪。在对超声图像进行解释时，主要是利用采动裂缝分布杂乱无章，以高角度断裂为主，以及向下裂缝数量明显增多，裂缝宽度明显加大等基本特征。图2-8是钻孔超声测井图像之一，解释导水裂缝带高度为46.3m，与钻孔冲洗液法的裂高值相差2.1m。由图2-8可以看出，钻孔数字超声成像法是根据裂隙可以吸收声阻抗而使其反射信号减弱并在图像上出现异常的特点来测定和解释裂隙发育的位置和形态，所以，这种方法所获得的资料比较直观，对采动裂缝的发育特征及分布状态会有进一步的认识，同钻孔冲洗液法相配合，可以对裂缝是否与采空区导通作出正确判断，因而可以很好地揭示岩层破坏特征和更加准确地判定导水裂缝带高度，尤其是有助于解决在原岩裂隙较发育的覆岩中准确测定导水裂缝带高度这一难题。

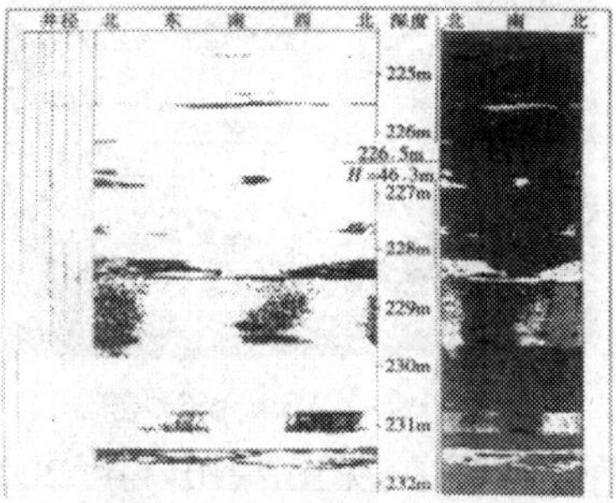

图2-8　数字超声成像测井典型图

(3)钻孔井下电视观测法

钻孔井下电视观测采用专门的电视系统(JCD2)是把一自带光源的防水摄像探头放入地下钻孔中，在地面的彩色监视器上可直接观测地下钻孔的地质构造，根据图像的形态、颜色及光亮等信息，可用于识别岩性、裂隙、空洞、软弱夹层等情况，并可用录像磁带保存测井资料。通过彩色钻孔电视观测，可以更进一步了解采动裂缝的发育特征，提高导水裂缝带尤其是垮落带的探测精度，能直接观察覆岩，尤其是基岩风化带的隔水、透水等情况。采用JCD2钻孔电视系统，将摄像仪放入钻孔中上下运动，孔壁（岩层）状况（如裂缝大小、连通情况、破碎、离层等）直观清晰地显示在屏幕上，同时将钻孔中实况记录在磁带上供分析研究和永久保存。该方法通过换算还可解释出裂缝离层的宽度，破碎块度的大小尺寸，精细的分层厚度等。该方法确定导水裂缝带以上的非导水性裂缝、岩层原始裂隙等，有特别明显的优势，因为这些裂缝单靠冲洗液漏失量来判定裂缝发育状况和发展位置有一定困难。经过D1孔实验，其套管深度为30.1m，套筒以下岩石段中的裂隙发育状况钻孔电视观测结果如下：

①42.5m，该段砂岩完整性较好，很少有裂隙，无连通性，见图2-9。

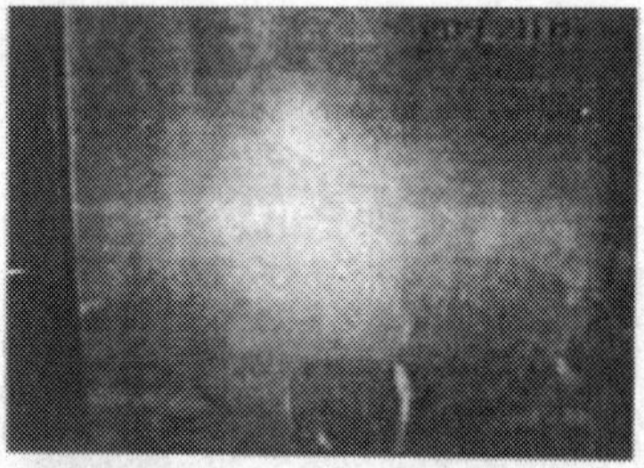

图2-9 42.5m完整砂岩

②52.4m，出现离层现象，见图2-10，高度200mm。在厚层砂岩的下面。冲洗液漏失量也增大。

图片2-10　52.4m岩体离层

③62.8~76.1m，比较软的泥岩非常破碎，坚硬的砂岩出现了较大的裂缝。表明已经处在导水裂缝带内。其中，见图2-11为70.8m处砂岩存在纵向裂缝，宽度5mm。

图2-11　70.8m岩体中的纵向裂缝

④图2-12为92.5m处砂岩中的掉块，再往下岩石掉块更为严重。钻孔自91.1m以下充满了水体，并且钻孔内的岩体出现了严重的开裂和破碎，未见到岩体明显的错位。因此判断钻孔没有进入但接近垮落带。

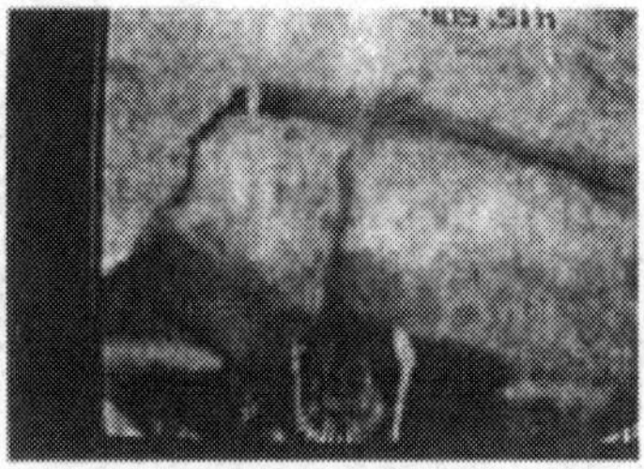

图2-12　92.5m砂岩中的裂缝和掉块

经过电视系统分析判断，以52.4m为导水裂缝带顶点，导水裂缝带高度为56.1m。92.5m进入垮落带，垮落带高度为15.3m。通过观测表明数层厚砂层可作为岩梁支承覆岩，减小地表沉降。因此，条采宽度还可适当加宽，以便提高生产效率。

通过对D1、D2所进行的钻孔冲洗液法、钻孔超声成像法及钻孔电视法三种方法监测结果进行分析[67][68]，得出结论如下：①在D1、D2孔导水裂缝带的上方不存在明显的采动离层裂缝，仅在局部发育一些原生小裂隙，以横生为主，垂直向上无连通性；②由采动影响所造成的裂缝带内的裂缝基本上以斜向甚至纵向为主，裂缝纵横连接，交错贯通，垮落带内的岩层则同时具有层理混乱、岩层倾角发生变化等垮落特征。裂缝带内的裂缝宽度较大，达10~20mm，局部超过20mm；③经过全面观测和综合分析灵新煤矿十四煤综采的垮落带高度为15.3~20.6m，垮采比为5.7~9.4，导水裂缝带的高度为41.4~56.1m，裂采比为18.9~20.8。经过对十四煤覆岩结构的综合分析，最终选取L3314工作面按平均采厚2.4m时，预计导水裂缝带高度为50m。该结果对于实现灵新煤矿L3314工作面安全生产与开采具有重要的指导意义。

2.4.2　试采工作面上覆岩层岩性对沉陷影响的数值模拟分析

数值计算方法是近20~30年内，随着电子计算机发展起来的一种方法。它可以解决理论研究方法的计算过于复杂(有时复杂的实际无法进行计算)的问题，如岩体中节理裂隙的影响、断层滑移产生的影响、采场周围一定范围内的大位移和大变形破坏等。它将细观力学方法与数值计算方法有机地结合起来，通过考虑非均匀性特点研究岩石的非线性力学行为，是一种运用连续介质力学方法解决非连续介质力学问题的新型数值分析方法，为岩石的非线性力学响应和破坏过程的分析与模拟提供了非常有用和方便的工具[69][70]。

为了计算的方便，将岩石和煤视为各向同性弹塑性材料，采用理想弹塑性模型。

在弹性阶段本构关系为：

$$\{\Delta\sigma\}=\left[D^{\varepsilon}\right]\{\Delta\varepsilon\} \tag{2-1}$$

在塑性阶段本构关系为：

$$\{\Delta\sigma\}=\left[D^{\varepsilon p}\right]\{\Delta\varepsilon\} \tag{2-2}$$

式中，$\left[D^{\varepsilon}\right]$、$\left[D^{\varepsilon p}\right]$分别为弹性矩阵和弹塑性矩阵。本书采用摩尔—库仑屈服条件，它用黏聚力 c 和内摩擦角 ϕ 来描述，如图2-13所示，当法线方向的截面上的正应力 σ_n 和剪应力 τ_n 满足：

$$\tau_n=c+\sigma_n\tan\phi \tag{2-3}$$

则该截面进入塑性。

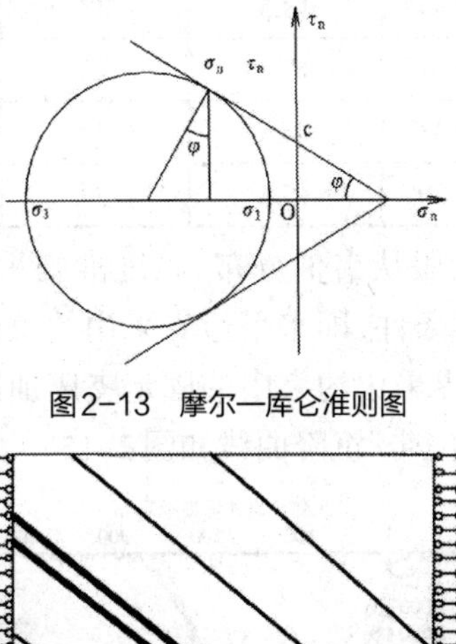

图2-13　摩尔—库仑准则图

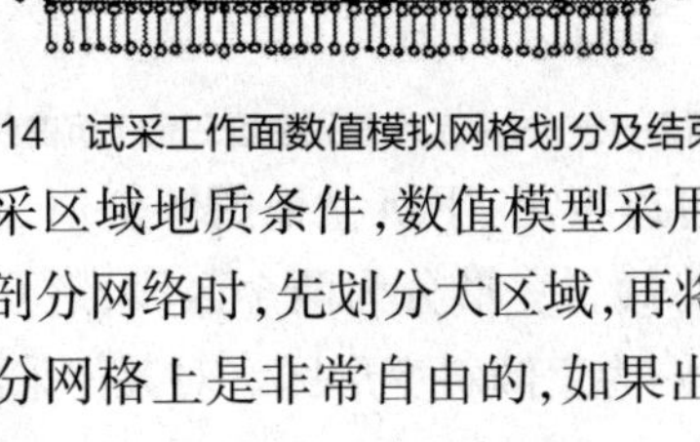

图2-14　试采工作面数值模拟网格划分及结束条件

据灵新矿开采区域地质条件，数值模型采用莫尔—库伦弹塑性材料模型[71]。剖分网络时，先划分大区域，再将局部自动剖分成细部网格。在划分网格上是非常自由的，如果出现三角形节点则在直线上直接增加节点即可。这样可减少大量的手工劳动量,也可以减少不必要的失误。网格线的划分与岩层平行,岩层之间的接触面由线条来区分,不同力学特性的岩层由不同的分区来表示,如图2-14为倾向断面上不同地层的网格区分。

约束条件为表面自由,两侧加水平约束,底部竖直约束。表2-6为研究区域的岩石力学特性,采区地层岩性比较单一,根据岩体复合岩层破坏的机理,对岩性相近的地层进行"捆绑"并不会对分析结果产生太大影响。

表2-6　试采区各岩层力学参数表

地层	弹性模量(E/MPa)	泊松比(μ)	初始黏结力(MPa)	初始摩擦角(°)	单轴抗拉强度(MPa)	容重(t/m^3)
1	7800	0.34	18.5	33	2.3	2.6
2	3900	0.31	17.3	23	2.1	2.5
3	780	0.33	14.5	33	1.6	2.5
4	390	0.30	15.5	34	0.8	2.2

试采区各单元服从韦伯分布,强度准则采用摩尔强度准则。主要采用位移边界条件,即水平边界采用约束中的滚动支座加以控制,煤层底板边界采用约束中的固定支座加以控制。采空区覆岩移动破坏规律("三带"沉降曲线如图2-15)。

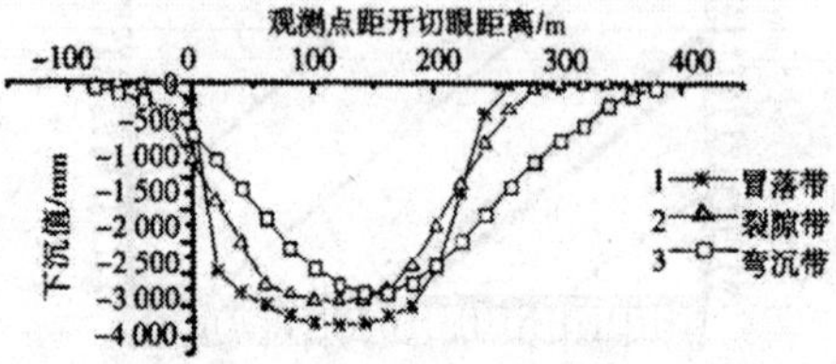

图2-15　试采工作面采空区三带下沉曲线

从曲线图上可以得出:下沉盆地的倾斜值是以最大下沉点为中心对称分布的。倾斜变形分为两个区段,近开切眼侧为正倾斜变形区,近停采线侧为负倾斜变形区。对某一采深条件而言,两个倾斜变形区变形值的绝对值遵循小→大→小的变化趋势。随着采深的增大，倾斜变形对地表的影响范围逐渐扩大。

在模拟基本顶岩层对条带开采尺寸时，实际采出率为60%，采宽为90m，留宽为60m。从图2-16可见，煤层开采后，最大压应力、最大拉应力都在煤柱附近，出现塑性变形甚至破坏都是先从煤柱及其顶板开始的。顶板弹性模量的变化对地表的下沉量、水平位移、压应力、拉应力都有较大的影响，越远离顶板对其影响越小。煤层开采后，地表的最大下沉量、最大水平位移都随上覆岩层的弹性模量的降低而增大，且呈非线形增大。因此，当上覆岩层较软时，特别是顶板较软时，在采煤时应减小采宽，多留煤柱，以防止地表出现过大的下沉与水平移动，破坏地面构筑物等，当上覆岩层较硬时，可以增大采宽，提高采出率。

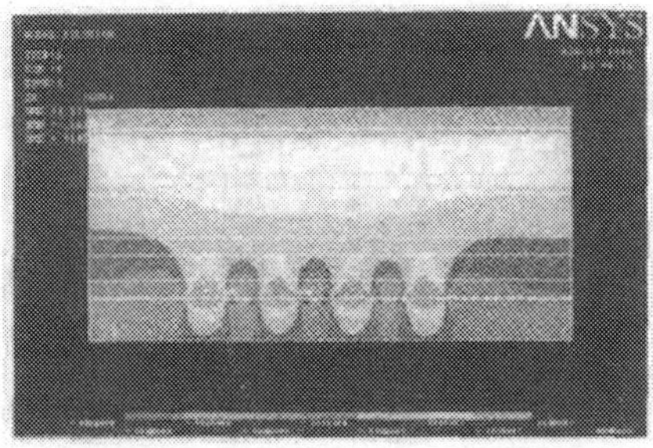

图2-16　试采区顶板弹性模量为780MPa时y方向应力

数值模拟很好地描述了煤层开采过程中地应力状态的变化及分布特征，能对岩层破坏的发展进行连续模拟。通过数值模拟可以预测出：采动过程中地应力的发展；地表受到采动波及的开采周期；地表破坏的严重情况；结果对开采沉陷的预测预报具有很好的借鉴意义[72]。

2.4.3　灵新矿一试采工作面地表动态沉陷的流变特性

（1）地表移动变形的流变特性

地表移动变形的流变特性是地表动态移动变形的过程特征，

它是覆岩物理力学性质在移动变形过程中的反映[73]。在任意平面模型条件下,设开采深度为 H ,采高为m,开采速度为 v_s ,开采时间为 t 。在时间 t 开采任意单元 Δv 时,地表任意点A的影响函数由 $\overline{\omega}(x)$ 表示(图2-17),引起地表下沉增长 ΔW_A 由下式表示:

$$\Delta W_A = \overline{\omega}\left[x(\tau)\zeta_2\right](t-\tau)\Delta v \tag{2-4}$$

式中: $\chi(\tau)$ 为在时间 τ 开采工作面所在的位置; $\zeta 2(t-\tau)$ 为覆岩力学特性函数。

当工作面未开采时,有 $\zeta 2(t=\tau)=0$ 。这时地表未发生下沉;工作面在开采中, $\zeta 2(t>\tau)$,覆岩移动变形在发展中;开采工作面停止开采一定时间后,有 $\zeta 2(t\to\infty\tau)=1$,地表移动变形终止,形成静态地表下沉盆地(图2-18)。

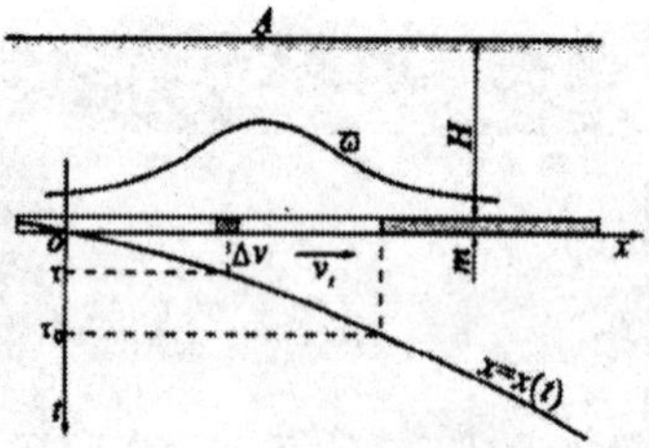

图2-17　开采对地表点的影响曲线

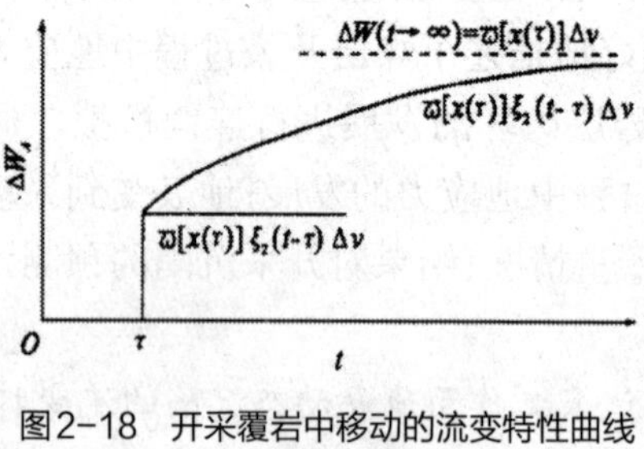

图2-18　开采覆岩中移动的流变特性曲线

地表点A在时间的动态下沉量的预计,根据Boltzman叠加原理,由时间区间的积分实现,其基本关系式为:

$$W_A(t)=\int_{-\infty}^{\tau_0}\overline{\omega}\left[\chi(\tau)\right]\zeta_2(t-\tau)\mathrm{d}v \tag{2-5}$$

当开采高度为 $m(dv=mvsd\tau)$，开采速度为一固定值时，可写为：

$$W_A(t)=\int_{-\infty}^{\tau_0}\overline{\omega}\left[\chi(\tau)\right]\zeta_2(t-\tau)\mathrm{d}v \tag{2-6}$$

对于式中函数，可以将其简化为几何影响解，如图2-19所示（g为下沉系数），它是地表变形的下沉速度函数，开采观测证明，在一定的条件下地表移动变形滞后开采工作面较大的距离。

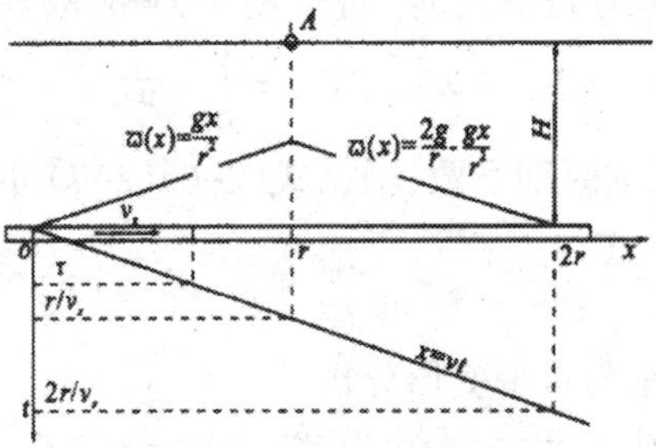

图2-19　几何影响简化图

（2）岩层流变模型

采动覆岩地表的下沉值随时间而增长的特性，主要取决于开采速度和覆岩岩性，可由Zero模型描述，模型中 G_1、G_2 是Hoek弹性单元，η 为Newton黏性单元（图2-20）[74]。

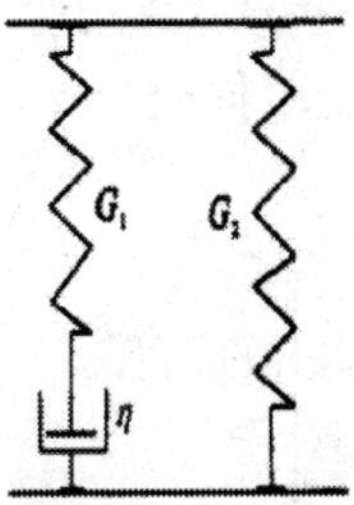

图2-20　Zero模型

以Zero模型描述覆岩移动的传递过程，去解函数 $\zeta 2(t-\tau)$，描述岩体移动变形过程。当开采一个微小单元时，覆岩岩体产生的应力应变引起地表沉陷。其沉陷量是时间的增长函数。G_1+G_2 表示动态下沉特征弹性组合单元，G_1 是地表下沉终止单元，黏性单元η表示移动变形的滞后性，由此得出Zero模型的微分形式[75]：

$$W=\frac{1}{\Gamma_2 T}\left[W(\infty)-W\right] \tag{2-7}$$

式中 $\Gamma_2=\frac{G_1+G_2}{G_2}$ ，$T=\frac{\eta}{G_1}$ 为模型参数；$W(\infty)$ 为静态下沉量。

当开采引起地表下沉时，对于模型Zero，取 $G_1\to\infty$ ，有，即为Kelvin特征模型，当 $\Gamma_2\to\infty$ 时，$\Gamma_2 T=\frac{1}{c}$ 。式中 c 为采深、岩性、开采速度影响下沉的时间系数，根据式(2-6)(2-7)可导出函数：

$$\zeta_2(t-\tau)=1-\frac{\Gamma_2-1}{\Gamma_2}e^{\frac{t-\tau}{\Gamma_2 T}} \tag{2-8}$$

(3)地表曲率与水平变形分析

将式(2-8)代入式(2-6)中，确定函数 $\tau_0(x)$ 及 $\zeta_2(t-\tau)$ ，解出地表下沉速度及下沉关系式，进而得出在开采速度为 v_s 时的曲率与水平变形。由于影响地表变形取决于它的极值，所以可将地表曲率与水平变形简化为线性几何影响区进行分析地表动态曲率及水平变形的极值点的变化，如图2-20所示。

在开采速度 $v_s\to 0$ 的条件下，由动态极值解 K_m ，ε_m ，K_n ，ε_n 出地表静态极值 K_m^0 ，ε_m^0 ，K_n^0 ，ε_n^0 同时令 $\frac{K_m}{K_m^0}=\frac{\varepsilon_m}{\varepsilon_m^0}=M_k^+$ ，$\frac{K_n}{K_n^0}=\frac{\varepsilon_n}{\varepsilon_n^0}=M_k^-$ 得[76]：

$$\left.\begin{aligned}
&M_k^+=1-\frac{\Gamma_2-1}{\Gamma_2}e^{-\frac{1}{A}}\\
&M_k^-=1-\frac{\Gamma_2-1}{\Gamma_2}e^{-\frac{1}{A}}\left(2-e^{-\frac{1}{A}}\right)\\
&A=\frac{\Gamma_2 T v_s}{r}
\end{aligned}\right\} \tag{2-9}$$

(4)模型参数

模型中参数Γ_2及T代表覆岩的流变特性,其值可以根据观测地表下沉与工作面位置数据得出。在开采工作面推进过程中,可获得地表点的下沉随时间的变化曲线。根据该曲线的特征点即可得出参数Γ_2及T(图2-21)。

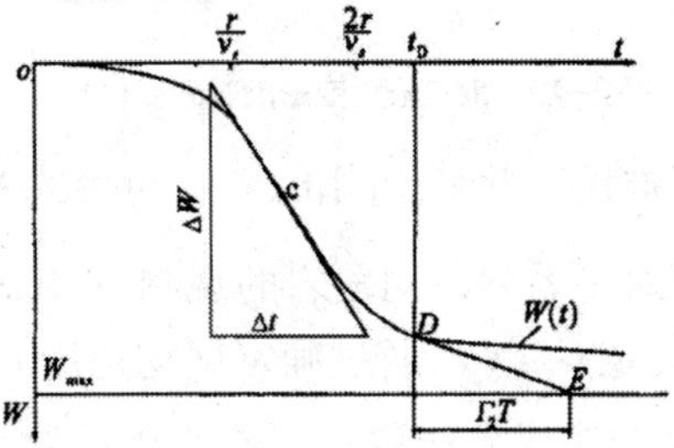

图2-21　确定模型参数几何图

Γ_2、T是下沉曲线中最大曲率点D作切线与最大下沉值$W_{max}=mg$交点E的线段在水平轴(t)的投影长度,其中D点对应的时间$t_D>\frac{2r}{v_s}$。

确定模型参数的第二个条件,可以通过对式(2-6)微分得出:

$$W_{A\max}=\frac{mgv_s}{r}\left[2-\frac{Tv_s}{r}+Al_n\frac{\Gamma_2}{(\Gamma_2-1)\left(2e^{\frac{1}{A}}-1\right)}\right] \tag{2-10}$$

式(2-10)表示地表A点的下沉速度,在图2-21中$\frac{\triangle W}{\triangle t}$为点$c$的斜率时,下沉曲线中的斜率最大。在开采的整个过程中,地表点的曲率值与水平变形值也在不断地变化,即:

$K_{t-0}=0$, $(\varepsilon=0)$;→$K_{t-t_0}=K_{m'}$, $(\varepsilon=\varepsilon_m)$;→$K_{t-2t_0}=K_{n'}$, $(\varepsilon=\varepsilon_n)$;→$K_{t\to\infty}=0$, $(\varepsilon=0)$,如图2-22所示。

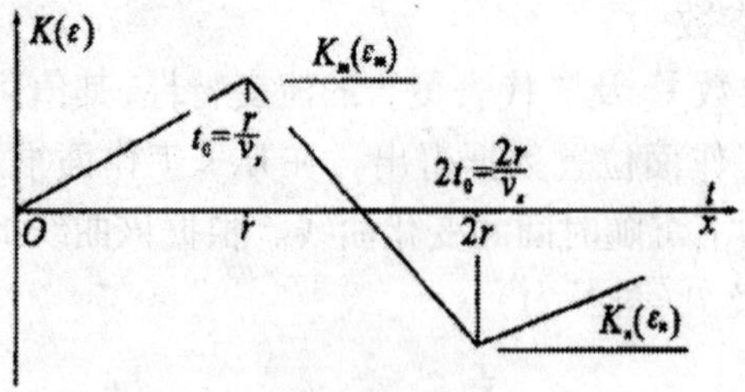

图2-22　地表最大变形随时间变化发布

开采工作面推进 r 距离，所用时间 t_0 可由式 $t_0=\frac{r}{v_s}=\frac{H}{v_s\,\mathrm{tg}\beta}$ 确定。在实践中可对一系列不同覆岩的观测，得出动态变形过程中的剪应力 τ，再确定 G_1、G_2，通过确定剪切速度 v 进而确定 η 值。对这些参数由厚度加权方法确定出覆岩的综合岩性参数 $\sum G_1$、$\sum G_2$、$\sum\eta$，然后由关系式 $\Gamma_2=\frac{G_1+G_2}{G_2}$、$\Gamma=\frac{\gamma}{G_1}$ 确定动态地表移动变形流变时间参数。

(5)实例计算

试采工作面 v_s=4.4m/d，$W_{\max}$=1400mm，H=480m，r=210m，$\Gamma_2=3$，T=11d，分析系数 M_k^+，M_k^- 与开采速度的关系，由式(2-9)得：

$$M_k^+=1-0.67e^{-\frac{636}{v_s}}，\ M_k^-=1-0.67e^{-\frac{626}{v_s}}\left(2-e^{\frac{636}{v_s}}\right) \qquad (2-11)$$

通过不同的 v_s 可以得出 M_k^+，M_k^- 对应的关系，其变化如图2-23。

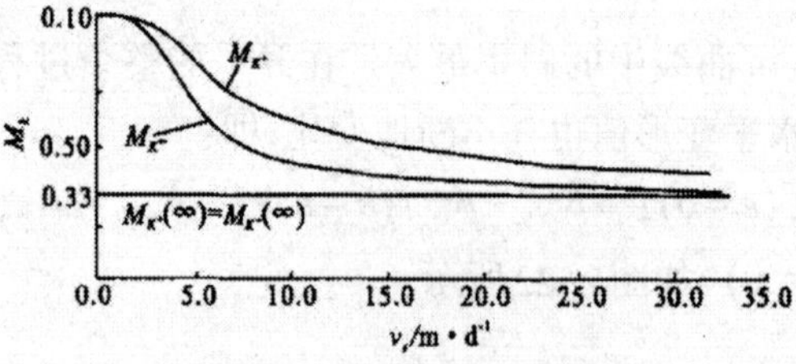

图2-23　M_k^+，M_k^- 系数分布曲线

分析图2-23可知，当工作面开采速度 v_s <2m/d时，动态与静态地表变形相近；当 2m/d6 < v_s < 10m/d时，静态与动态地表移动变形比较快；当 v_s >15m/d 时，变化趋于稳定。M_k^+ 总大于 M_k^-，极值呈非对称分布。

地表动态移动变形值是确定保护地表建筑设施方法的重要依据，通过对岩层流变特性的分析，开采速度对动态移动变形影响分析表明：①开采观测证明，在一定的条件下地表移动变形滞后开采工作面较大的距离；②开采速度对岩层地表的动态移动变形影响明显的区间是 2m/d < v_s < 10m/d ；而当开采速度 v_s < 2m/d 时，其对移动变形影响很小；当开采速度 v_s > 15m/d 时，其趋于稳定；③开采引起覆岩、地表动态移动变形的极大、极小值呈非对称分布[77][78]。

2.5　羊场湾煤矿130201工作面地表岩移观测

获得矿区的地表与岩层移动规律，对煤矿开采过程中的保安煤柱留设、地表移动变形预计和安全绿色开采工作具有重要的意义，而目前研究地表与岩层移动规律的方法主要有实地观测法、理论模拟法和相似材料模型法等。但是最主要的，也是最切合实际的方法仍然是实地观测法，即在受开采影响的地表范围内，设置专门的地表移动观测站，通过观测获得大量第一手资料，然后对这些资料进行综合分析，找出各种因素对地表和岩层移动的影响规律，再将这些规律用来解决实际问题。

神华宁夏煤业集团羊场湾煤矿2003年8月1日破土动工，2005年9月联合试运转，属于新建矿井，缺乏地表移动变形参数，在开采初期由于受临近采区或工作面的影响较小，所以有利于地表观测站的建立，更有利于获得可靠的地表移动变形参数。

羊场湾煤矿位于宁夏回族自治区灵武市宁东镇境内，灵武矿区中部，距银川市区70公里，河东机场45km，地处东经106°35′~106°38′，北纬37°59′~38°03′之间。2006年12月，原羊场湾煤矿和磁窑堡二矿整合重组，组建后的羊场湾煤矿井田南北走向长9.9km，东西倾斜宽12.8km，面积58.52km²。现探明地质储量10.36亿吨，可采储量5.30亿吨。属西北首座千万吨级现代化矿井。

130201工作面位于羊场湾1分区井田东部(13采区)上方，该工作面地表为沙丘覆盖，地形低缓平坦，起伏不大，无建筑物位于工作面范围内。工作面地面投影位置为：风巷北至19勘探线以北220m处，南至13采区辅运下山保安煤柱线以南160m处；机巷北至19勘探线以北271m处，南至13采区辅运下山保安煤柱线以南125m处。走向长度1550m。工作面距地面垂直深度在472.0~558.6m之间，平均垂深515.3m，地面标高为+1388.6~+1409.0m，工作面标高+830.0~+937.0m。

130201工作面风巷开口位于13采区回风下山，机巷开口位置位于13采区胶运下山，按设计方位349°施工。130201工作面为13采区北翼首采工作面，采区内为原始煤层未进行采动，工作面切眼以北以F201正断层为界(F201正断层下盘为Y212工作面采空区)，四邻无采掘活动影响工作面掘进。

可以看出：130201工作面是羊场湾煤矿13采区北翼的首采工作面，受外界影响和临近开采因素影响相对较少，最有利于地表移动观测站的建立，获得的移动参数也更为贴近实际。130201工作面主要开采煤层为二煤，所采二层煤为沉积稳定，黑色，块状，半暗型煤，结构简单。煤厚7.5~9.4m，平均煤厚8.3m，煤层倾角为2°~13°，平均7.5°。二层煤伪顶岩性为炭质泥岩，直接顶岩性为粉砂岩、细砂岩，老顶为粗砂岩、粉砂岩。

观测工作的主要内容有：地表移动观测工作、数据处理与分析、各阶段参数求取和地表岩移观测总结。

2.5.1 参数确定和选取

由于本地区没有岩层以动参数，只能参考附近矿区或者条件类似地区的参数，根据国内外相似煤田矿井开采地面塌陷变形的经验，根据本矿的地质报告，参考130201工作面区内1915和Y1203号钻孔，暂采用《建筑物、水体、铁路及主要井巷煤柱留设与压煤开采规程》(以下简称《规程》)。

各个参数具体为：

表土层移动角 $\phi=45°$

走向移动角 $\delta=70°$

上山移动角 $\gamma=70°$

煤层倾角 $\alpha=7.5°$

下山移动角 $\beta=70°-0.6\alpha=65.5°$

下沉系数 $q=0.7$

水平移动系数 $b=0.3$

主要影响半径 $r=H/tan\beta$

影响传播角 $\theta=90°-0.6\alpha=85.5°$

主要影响正切角 $tan\beta=2.0$

拐点偏移距 $S=0$

煤层开采厚度 $M=8.3m$

其中：H为平均采深，α为煤层倾角，r为开采影响半径，煤层倾角和开采厚度为130201工作面所开采的二煤层的平均厚度。

主要参照上述参数，并根据《规程》规定对参数加以修正值。根据羊场湾煤矿的设计：煤层大巷(集中下山)巷道中心线间距为30m，大巷两侧护巷煤柱宽度为60m。

2.5.2　地表移动范围的预计

利用概率积分软件和上述选定的参数对地表移动范围进行预计，预计结果如图2-24所示，可以清晰地看出，由于130201工作面的开采引起的地表移动范围，以及对公路、输电线路和建筑物的影响情况。

由于130201工作面的开采引起的地表沉陷预计影响范围(如图2-24所示)。可以看出部分输电线路和公路在影响范围之内，受到开采的影响，在观测线长度设计上，要覆盖或跨越影响范围。另外预计最大下沉接近3m，属于大变形监测，在测点的埋设方面要有一定的深度，防止移动过程中的破坏，造成观测数据的损失。

另外，观测线布置也必须大于预计范围的地表岩移观测设计才是合理安全的。

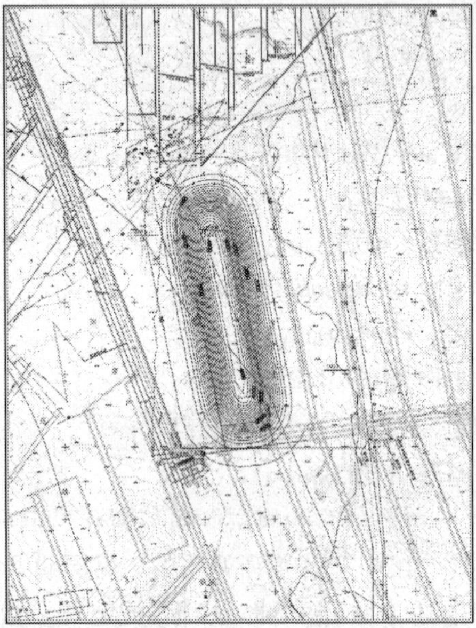

图2-24 地表岩移影响范围

2.5.3 地表移动观测站的设计

130201工作面为羊场湾煤矿13采区北翼的首采工作面，是建立地表移动观测站的良好场所。由于本工作面北侧(工作面切眼)以北是以F201正断层为界，其下盘为Y212工作面采空区，如果在地表建立观测站将受到F201正断层和Y212工作面采空区的影响，另外在开切眼处工作面以内还有一个高差约20m的高地，这对布设观测点和观测工作也不利，所以把观测站选在停采线一侧较为理想。

130201工作面的倾角平均为7.5°,停采线一侧地面较为平坦,地面建筑物设施也较为简单,则本次观测站设计采用线性结构,即倾斜观测线和走向观测线的基本布设形式,观测线设计内容包括观测线的位置及长度的设计、观测点和控制点的密度、编号、布设方式等。另外,停采线一侧还距离新建工业场地和办公地点较近,也方便观测和查寻。

(1)观测站的布设形式

130201工作面设计形状规整,是13采区北翼首采工作面,受外界影响因素相对较少,地表也较为平坦,观测站设计相对较易。根据130201工作面上方地表实际情况,设计方案如下:

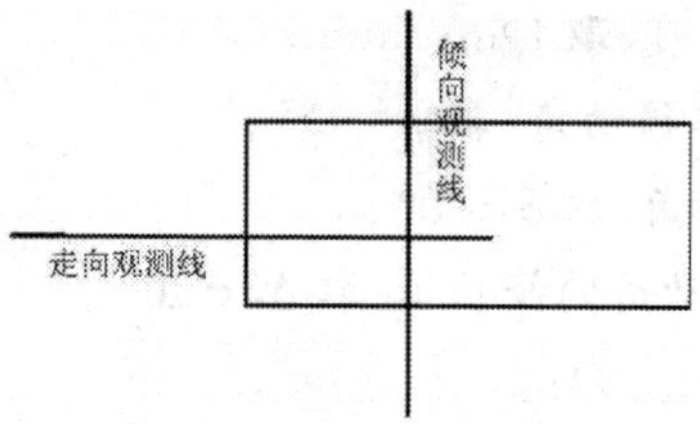

图2-25　观测站设计方案

布置两条观测线,即一条倾向观测线和一条走向观测线,位置均在停采线一侧,形式简单,观测方便。

(2)观测线的位置及长度确定

①走向观测线

走向观测线位置设计130201工作面煤层倾角 $\alpha=7.5°$,因此,走向观测线应该沿着平行于130201工作面走向方向布设,并且偏向下山方向P,保证通过最大下沉的位置,如图2-25所示。偏离工作面中心距离为P:

$$P=(H_0-h)\cot\theta=40\text{m} \tag{2-12}$$

式中:

H_0—回采工作面平均开采深度,取515.3m;

h—松散层厚度,取12m;

θ—最大下沉角85.5°。

再因回采工作面倾向长度 $l=310<1.4H_0$，倾向方向可能未达到充分采动，所以走向观测线设置为一条。

走向观测线长度必须保证覆盖盆地半长，并有一定的安全距离，因回采工作面走向长度 $l=1550\gg1.4H_0$ 走向方向完全可以达到充分采动，根据选定的参数并结合地形和建筑物的实际情况，走向观测线最小长度为：

$S_{走向}\geqslant0.7H_0+40+(H_0-h)\cot(\delta-\Delta\delta)+h\cot\phi$

式中：

H_0—回采工作面平均开采深度，取515.3m；

h—松散层厚度，取12m；

φ—松散层厚移动角，取 $\varphi=45°$；

δ—走向移动角，取 $\delta=70°$；

$\Delta\delta$—走向移动角的修正值，取 $\Delta\delta=20°$。

计算得最小长度为：

$S_{走向}$=835m。

最终确定 $S_{走向}=835+60\approx895m$

其中：60m应多出2个点，每个30m，共60m。

另外，在走向观测线（盆地边界）一端设3个控制点，控制点与控制点间距，以及控制点与工作点间距均为80m。由于采深大于400m，地表有约12m厚度松散层，所以点间距取30m，设计方案共沿着走向观测线布设31（33）个工作测点（监测点）。工作测点编号沿工作面推进方向自左向右顺序增加，控制点顺序为KZ01、KZ02、KZ03；监测点编号由一个字符和两位阿拉伯数字组成。例如，对于左端第一个工作测点，其编号为Z01、Z02，其余的类推。其中，“K”为控制点标识码，“Z”为走向观测线，其后的数字为测点的顺序编号。

②倾向观测线

倾向观测线应选择在最大下沉部位，因回采工作面走向长度

$l=1550 \gg 1.4H_0$ 走向方向完全可以达到充分采动，根据地形和计算等实际情况，倾向观测线选择在距离停采线大于400m的位置才能处于主断面内。

倾向观测线到停采线的距离D1应满足：$D1 \geqslant 0.7H_0+40$

式中，H_0—回采工作面平均开采深度，取515.3m；将上述数据代入上式计算得倾向观测线到停采线的距离为400m。

倾向观测线长度必须保证覆盖上山盆地半长、下山盆地半长和工作面的宽度，并有一定的安全距离，因回采工作面倾斜长度l=310<1.4H0，倾向方向可能未达到充分采动，所以布置整条观测线，根据选定的参数并结合地形和建筑物的实际情况，倾向观测线最小长度为：

$S_{倾向} \geqslant (H_1-h)\cot(\beta-\Delta\beta)+(H2-h)\cot(\gamma-\Delta\gamma)+2h\cot\phi+l\cos\alpha$

式中：

H_1—回采工作面下山边界开采深度，取535m；

H_2—回采工作面上山边界开采深度，取495m；

h—松散层厚度，取12m；

φ—松散层厚移动角，取$\varphi=45°$；

β—下山移动角，取$\beta=65.5°$；

$\Delta\beta$—下山移动角修正值，取$\Delta\beta=20°$；

γ—上山移动角，取$\gamma=70°$；

$\Delta\gamma$—上山移动角的修正值，取$\Delta\gamma=20°$；

l—为工作面宽度，为310m。

代入数值计算得：

$$S=1253m \approx 1260m$$

倾向观测线距离停采线400m。

倾向观测线1260m的长度，从与走向观测线交叉点开始：上山方向长度为616m，下山方向长度为645m。

另外，在每条倾向观测线两端各设2个控制点，每一条倾向观测线有4个控制点，控制点与控制点间距，以及控制点与工作点间距为80m。由于工作面宽度 $L=310\text{m}<1.4(H_0-h)=704\text{m}$，因此移动盆地在倾向上可能未达到充分采动。为了准确地确定移动盆地边界，根据平均开采深度515m选工作点间距30m，共布设工作测点43(86)个。测点编号自下山往上山方向增大。

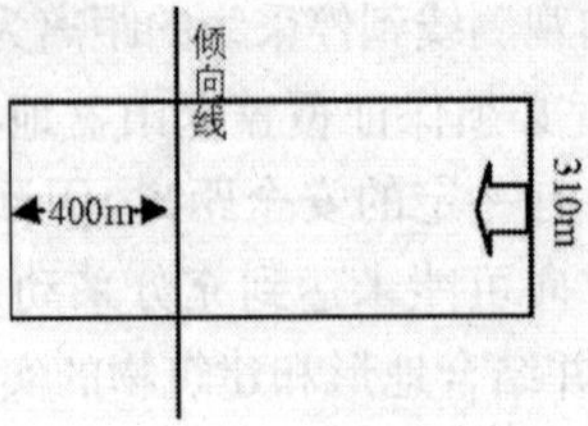

图2-26　倾向观测线位置

两条倾向观测线分别为：A观测线和B观测线。控制点顺序为KAQ01，KAQ02，…，KBQ01，KBQ02，…，工作测点编号由一个字符和两位阿拉伯数字组成，例如，A倾向观测线上的第一个监测点，其编号为A01，其余的类推；B倾向观测线上的第一个监测点，其编号为B01，其余的类推。其中，"K"为控制点标识码，"Q"为监测点标识码，"A"和"B"为倾向观测线标识码。其后的数字为测点的顺序编号。

随着开采的继续，地表塌陷盆地将逐渐扩展，监测点(特别是位于工作面上方的监测点)的下沉值将越来越大，有的甚至达到该地质采矿条件下的最大值。当下沉到一定量时，部分点可能引起破坏，特别是开采边界上方、停采线上方的测点，其可能处于拐点上方容易遭到破坏，这时要注意巡查，以便及时恢复被破坏的工作点。

(3)观测点的书目及密度的确定

在采动过程中，需要定期观测测点的变化情况，以反映地表点的移动。因此，测点的埋设深度应在本地区冻土深度以下0.5m，并保证每个监测点和控制点与土层密实固结，以使测点和地表一起移动。因本地区开采深度较浅，如果测点间距为以20m计算，方案一大概需要测点74+7=81个左右；方案二大概需要测点119+11=130个左右，依次编号为倾向A1，A2，…，An和B1，B2，…，Bn，走向Z1，Z2，…，Zn等等。

在观测线长度以外设置观测站控制点。控制点采用GPS或GPS-RTK技术观测，必须保证其坚固、稳定。为了保证观测资料的准确，应对控制点的稳定性定期进行检测。控制点埋设在观测线的两端，每端至少3个，根据现场实际情况，控制点埋设在观测线的一端，并设置3个控制，工作测点的外端至控制点的距离及控制点间的距离为80m左右，并对其进行编号。观测点采用全站仪或者GPS-RTK观测，沉降采用自动安平水准仪观测。

根据以上设计方案，130201工作面的地表移动观测站的设置情况，需预制的测点数统计于表2-7中。工作测点的外端至控制点的距离及控制点间的距离设计为80m。

表2-7　设计方案观测站情况统计表

观测线名称	测线长/m	测点数			监测点间距/m	测点类型	
		控制点	监测点	小计		混凝土预制普通标石	混凝土预制高标石
走向观测线	895	3	31	34	30	31	3
倾向观测线	1260	4	43	47	30	43	4
合计		7	74	81		74	7

2.5.4　地表移动观测站的观测内容

观测工作分为：观测站的连接测量，全面观测，日常进行水准测量，地表破坏的测定与编录。

(1)连接测量

2012年11月9日至11月16日完成控制点及观测点标石的预

制和埋设工作，本次共埋设控制点标石7个（其中走向3个，倾向4个），观测点共计74个（其中走向31个，倾向43个），走向和倾向各点相邻点之间的距离为30米，采用预制混凝土标石。

2012年12月2日采用Ashtech静态GPS按照E级作业要求联测了近井点（GPS05和G101）与新埋设的7个控制点，通过解算获得了各点的平面坐标。采用电子水准仪（型号DINI）按三等要求联测了两个近井点与本次布设的控制点，独立观测两次后最终取平均值为各控制点的高程。数据成果质量满足规范要求，其中水准线路观测闭合差见表2-8。

表2-8　水准连接测量精度统计表

	观测路线	闭合/附合	闭合差（mm）	线路长（km）	规程中误差（mm）
1	GPS5-KAQ3-KAQ4-GPS5	闭合	-5.04	11.70	41.04
2	KAQ4-KAZ1-KZQ1-KZQ4	闭合	2.04	5.83	28.96

（2）全面观测

全面测量测量采用RTK测量技术结合水准测量。

为了准确地确定工作测点在地表移动开始前的位置，在连测后、地表开始移动之前，独立进行两次全面观测，两次全面观测时间间隔不超过5天。全面观测的内容包括测定各测点的平面位置和高程。各测点间的距离，各测点偏离观测方向线的距离。记录地表原有的破坏情况。

2012年12月3日至12月5日利用RTK校正控制点后，测量各观测点的平面位置；利用电子水准仪按四等附合和闭合水准线路独立观测两次高程，平差后取二者的平均值为初始观测值。

在未受采动影响之前，独立进行的两次全面观测，两次全面观测的同一点高程相差最大值13mm，RTK测量点位较差最大值41mm，最终以两次测量值取平均值作为观测站的原始观测数据。

2014年5月30日第十九期观测结果显示，最后一期各观测站最大沉降量为21.11mm，可以认为观测站沉降达到稳定期。

2014年6月30日进行了末期全面观测。末期全面观测高程测量采用三等闭合水准线路，对矿区近井点和观测站控制点进行了联系测量。

观测站的全面观测内容为平面坐标及高程测量，平面坐标用RTK进行观测，观测工作按照《煤矿测量规程》中的精度要求进行。末期全面观测平面坐标和高程均独立进行两次观测，最终取两次观测数据的平均值作为末期全面观测数据。

（3）日常观测工作

首次和末次全面观测之间增加的水准测量工作就是日常观测工作，在回采工作面回采420m左右，于2013年3月20日进行了第一期日常观测，未发现地表移动。然后按照每回采50~100m进行一次日常观测。到2013年7月22日工作面回采完成，共进行日常观测10期。进入衰退期后，每1~2月观测一次，直至2014年5月30日沉降稳定，共进行日常观测19期。

采动过程中的水准测量，采用附合水准或闭合水准线路，按四等水准测量的精度要求进行。

在采动过程中，野外测量人员及时地记录了地表出现的异常情况和时间，并实地拍摄了照片记录。为真实地求得羊场湾煤矿地表移动规律，在每次进行全面观测、日常观测时，同时向矿方收集工作面的位置，以及实时更新的采掘工程平面图。

2.5.5 成果整理

观测成果的整理主要包括计算和绘图两部分，最终得出观测站各点的平面坐标和高程，观测成果的整理计算主要是计算各测点的高程、相邻两侧点的水平距离和各测点偏离观测线方向的支距，然后计算各测点的移动和变形值及下沉速度等。在进行移动和变形计算之前，应对观测数据加入各种改正，观测数据经过整理改正后，便可以计算观测线上各测点和各测点间的移动和变形，然后根据每次观测的计算结果绘制曲线图，对成果综合分析，求取地表移动观测参数，最终提交全部成果资料。

(1)工作面地质情况

本次观测位置为130201工作面(位于三水平13采区)上方，130201工作面具体井下位置是:北以130201切眼为界，南以13采区辅运下山保安煤柱线为界。风巷开口位置位于13采区回风下山BE1点(标高:922.12m)，机巷开口位置位于Y130203风巷1#联络巷标点(标高:858.911m)；工作面上临12采区边界回风巷，与130201风巷开口处留设煤柱390m，下临130203工作面风巷，四邻无采掘活动影响工作面开采。

130201工作面地面位于羊场湾井田(一号井)中部，工作面切眼上口距离19勘探线以南89.0m，下口距离19勘探线以南56.0m。工作面停采线位置:风巷停采线位置位于20勘探线以南154.0m处，机巷停采线位置距离20勘探线以南138.0m处。工作面距地表垂深450.6~545.7m之间，平均垂深498.2m。

与130201工作面相对应的地面区域为戈壁沙丘，地表无其他建筑物。

130201工作面上方，地势属戈壁沙丘地貌单元，地表无其他建筑物，130201工作面地面海拔标高+1388.6~+1409.1m，平均标高1399m左右；开采煤层为2#煤，厚度为7.5~9.4m，平均开采厚度为8.3m，煤层倾角为2°~13°，煤层倾角5°，工作面倾向宽度为295m(305m)，走向长度为1210m(1470m)。观测站处工作面上边界标高约为915.4m，下边界标高为858.9m，平均标高为887.1m。观测站处工作面上边界采深约为484m，下边界采深为540m，平均采深为512m。

主要数据如表2-9所示。

表2-9　130201工作面基本开采参数表

工作面	上边界采深（m）	下边界采深（m）	平均采深（m）	煤层倾角（°）	才厚（m）	基岩厚度（m）	松散层厚度（m）	开采速度（m/d）
130201	484	541	512	7.5	5.6	500	12	8

采用走向长壁综合机械化一次采全高采煤法，全部垮落法管理顶板。煤层老顶由厚度为3m的粉砂岩和厚度为17.2m的粗砂岩组成，直接顶由厚度为1.6m的细砂岩和厚度为2.6m的粉砂岩组成，伪顶由厚度为0.4m的泥岩组成，直接底由2.1m的粉砂质泥岩组成，老顶由厚度为3.6m的细粒砂岩组成，硬度系数大约为3~4，属于中硬偏软的岩层。

（2）观测误差的确定

在观测初期，也就是在2012年11月29日和12月05日分别对全部观测站的两条观测线共81个观测点进行了两次全面观测，观测的精度较高。通过对81个点的两次观测较值，并根据中误差计算公式，如果将2倍的中误差作为限差，则为±1mm，如果将3倍的中误差作为限差，也只有不到±2mm。考虑到气候、温度、点的稳定性，以及采动松软等条件的影响，确定边界的下沉值误差确定为10mm。

（3）观测数据的整理

在进行移动和变形计算之前，对观测数据进行全面整理与分析：

①为了确保实测数据的正确性，对每一次观测记录进行全面的检查和核对。

②计算观测站各测点的高程、相邻两测点间的水平距离和各测点偏离观测线方向的支距。

③对观测数据加入各种改正。对水准测量数据进行平差，计算各测点的高程；对利用钢尺丈量的边长加入比长、温度、倾斜、支距、垂曲等改正，计算各测点在观测线方向上的水平距离。

(4)移动和变形的计算

对观测数据整理和改正计算之后,再计算观测线上各测点和各测点之间的移动和变形。移动和变形主要包括:

①下沉、倾斜、曲率、水平移动和水平变形;

②计算下沉速度;

③横向水平移动的计算。

(5)移动和变形曲线图与移动变形规律

观测站建设完成以后,2012年11月开始观测,到2014年6月完成,观测工作历时20个月,一共进行了22次观测,均按照设计要求进行了观测和计算,基本获得了本地质采矿条件下的岩层与地表移动变形规律,走向观测线下沉情况如图2-27所示。(为了曲线的清晰性,只绘制了第5、7、10、15、19次观测数据的曲线图)

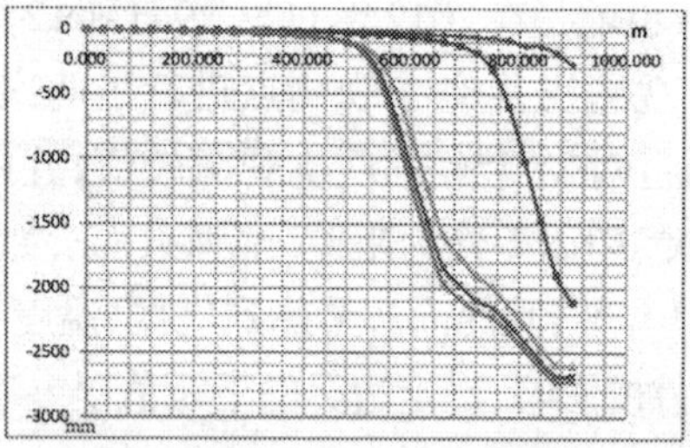

图2-27　走向方向下沉曲线

倾向观测线下沉情况如2-28所示。(数据以第5、7、10、15、19次观测数据为例)。

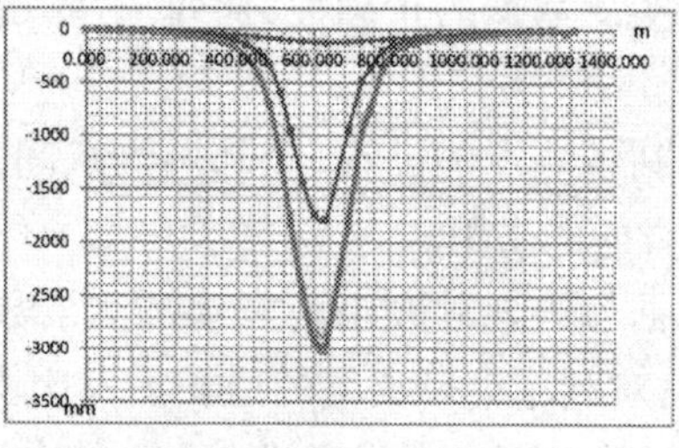

图2-28　倾向方向下沉曲线

由于在末次观测的时候Z28和Z30两点遭到破坏，没有观测数据，以第19次观测的数据为例说明走向和倾向方向上的倾斜、曲率、水平移动和水平变形基本规律。走向方向的倾斜、曲率、水平移动和水平变形规律如图2-29~图2-32所示。

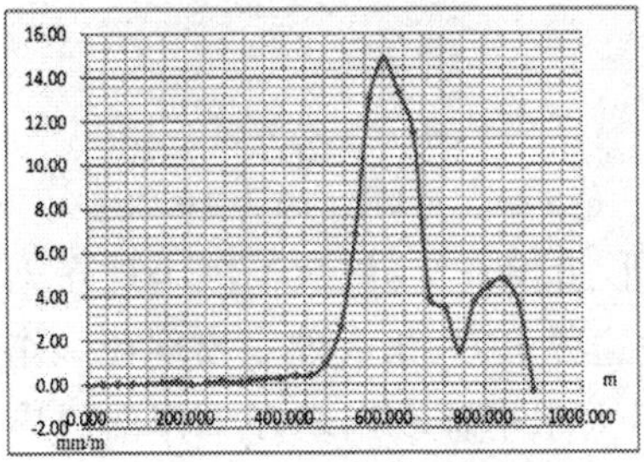

图2-29　走向方向倾斜曲线

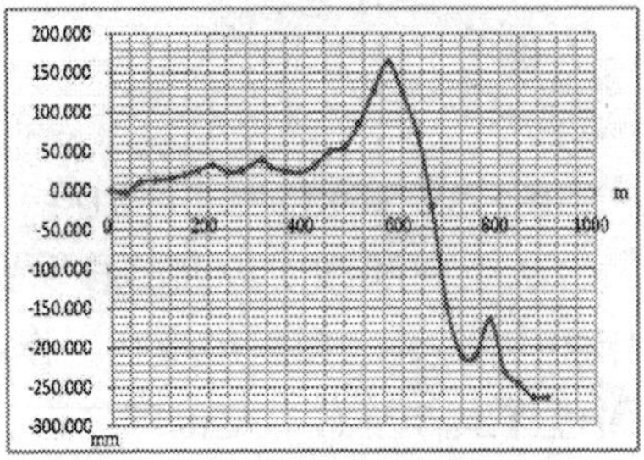

图2-30　走向方向水平移动曲线

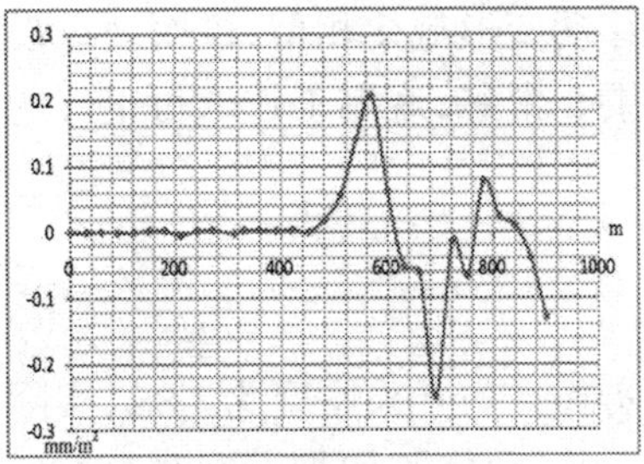

图2-31　走向方向曲率曲线

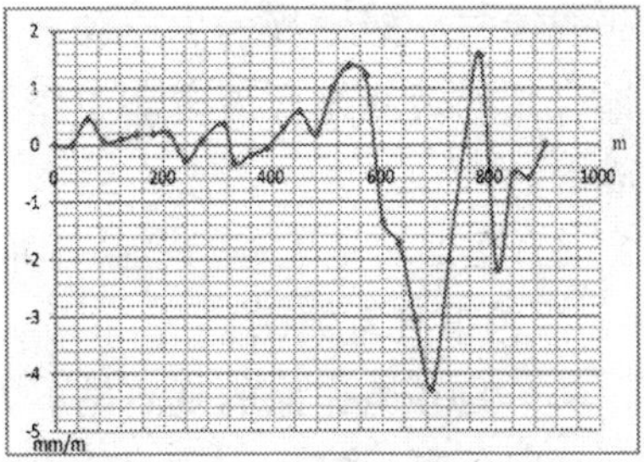

图2-32　走向方向水平变形曲线

倾向方向的倾斜、曲率、水平移动和水平变形规律如图2-33~图2-36所示。

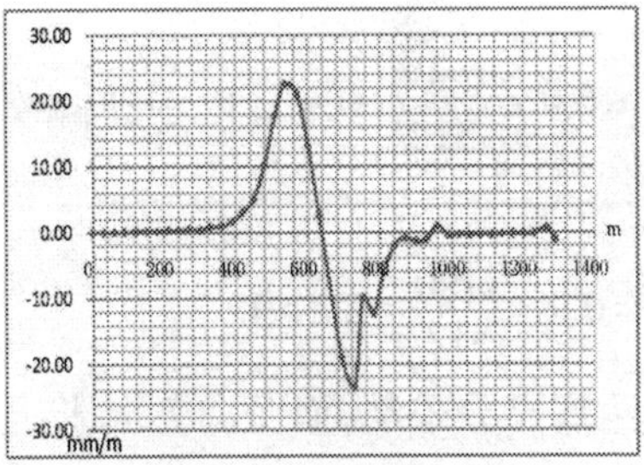

图2-33　倾向方向倾斜形曲线

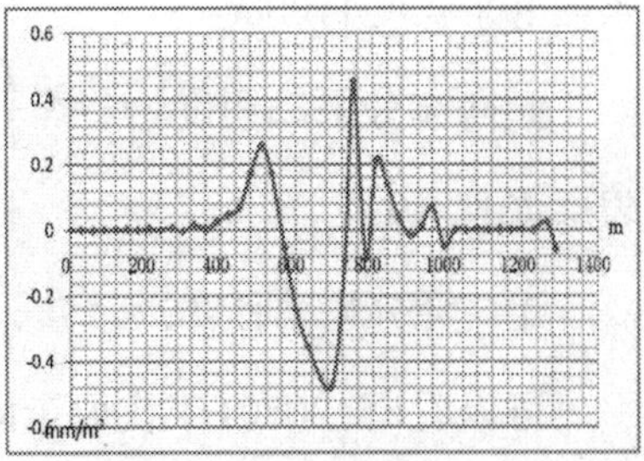

图2-34　倾向方向曲率曲线

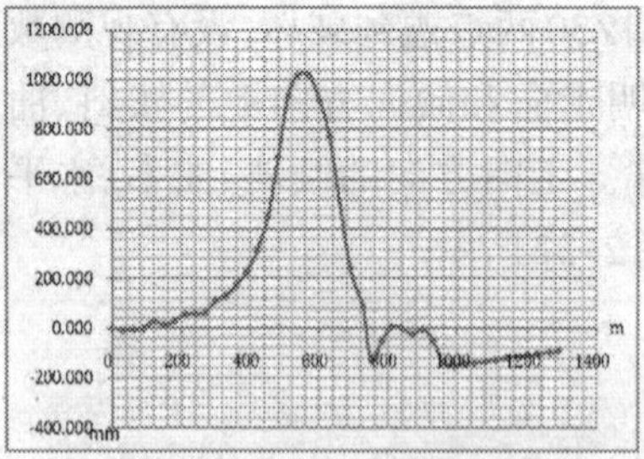

图2-35　倾向方向水平移动曲线

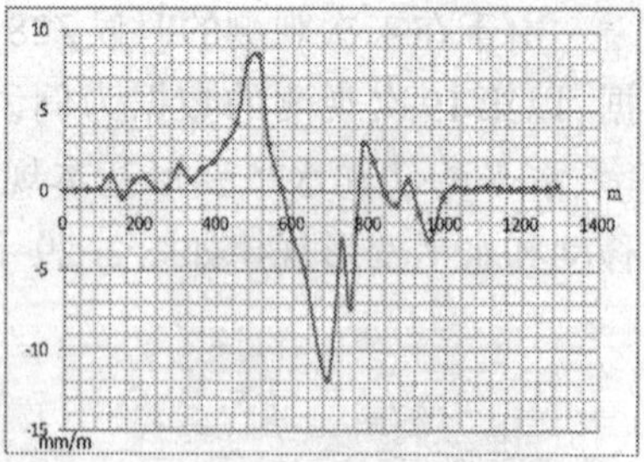

图2-36　倾向方向水平变形曲线

从走向和倾向方向的移动变形曲线来看：最大下沉出现在工作面中部，最大倾斜出现在工作边边界上方，最大曲率出现在工作面边界上方左右一定范围之内，最大水平移动出现在工作面边界处，最大水平变形出现在工作面边界上方左右一定范围之内。这些规律与一般常规的岩层和地表移动变形规律相似，说明通过设计合理的观测站开展观测工作效果非常好，观测工作取得很好的成果。

2.5.6　岩层与地表移动参数计算

(1)下沉系数(q)

130201工作面的观测站下方实际平均开采厚度为3.8m，实际平均回采率为75%，工作面长度为295(305)m，根据对观测数据的分析最大下沉值达到了为3034mm，按照工作面的长度和宽度，以及基岩的厚度来看，平均采深为512m，工作面开采宽度为304.5m，走向开采长度1180m。

倾向充分采动程度：$n_1 = k_1\dfrac{D_1}{H_0} = 0.9\times\dfrac{304.5}{512} = 0.5 < 1$（中硬偏软岩层 K 取0.9）

走向充分采动程度：$n_2 = k_1\dfrac{D_1}{H_0} = 0.9\times\dfrac{1180}{512} = 2.1 > 1$

可以看出130201工作面走向达到充分采动，而倾向方向未达到充分采动，属于开采尚未达到充分采动条件，煤层平均倾角为5°

(130201工作面处的煤层倾角为7.5°),实际开采厚度为5.6m,工作面回采率为75.06%,计算下沉系数(下沉率)为:

$$q' = \frac{3.034}{5.6 \times 0.75 \times \cos 7.5°} = 0.73$$

(2)充分采动角

根据综合分析走向观测线上的某特定观测点(Z29号点)基本达到最大下沉,该点距离停采线水平距离为373m,平均采深为512m,松散层厚度为12m,根据公式计算得到走向方向的充分采动角为:

$$\psi_3 = atn\frac{512-12}{373} = 53.3°$$

在倾向方向上某特定点(A22号点)基本达到了最大下沉,距离13021工作面下山边界水平距离82.5m,下山采深541m;距离13021工作面上山边界水平距离为222m,上山采深为484m。根据公式计算得到倾向方向的充分采动角为:

下山:$\psi_1 = atn\frac{541-12}{82.5} - 7.5° = 81° - 7.5° = 73.5°$

上山:$\psi_2 = atn\frac{484-12}{222} - 8.5° = 64.8° - 7.5° = 57.3°$

由于尚未达到充分采动,所以充分采动角稍有偏小。

(3)边界角

走向观测线上的某特定点(Z06号点),在2014年6月30号的末次观测中,下沉为10.26mm,如果以下沉为10mm来确定移动边界,该点距离停采线的水平距离为316.7m,平均采深为512m,松散层厚度为12m,根据公式计算得到走向方向的边界角为:

$$\delta_0 = atn\frac{512}{316.7} = 58°$$

而在2013年7月8号的第九次观测中,Z06号点的下沉就为10.43mm,如果以此下沉为10mm来确定移动边界,Z06距离130201工作面开采线的水平距离为362.3m,平均采深为512m,松

散层厚度为12m,根据公式计算得到走向方向的边界角为:

$$\delta_0 = atn\frac{512}{362.3} = 54.7°$$

如果以5mm为界,Z03距离停采线的水平距离为406.7m,平均采深为512m,松散层厚度为12m,根据公式计算得到走向方向的边界角为:

$$\delta_0 = atn\frac{512}{406.7} = 51.5°$$

根据观测数据分析上山方向A42点下沉10.65mm(距离130201工作面上边界水平距离为407.88m),可以作为最外边界点,下山方向A02点下沉11.2mm(距离130201工作面下边界水平距离为517.6m),可以作为最外边界点,上山方向和下山方向的边界角分别为:

上山:$\gamma_0 = atn\frac{484}{407.88} = 49.9° \approx 50°$

下山:$\beta_0 = atn\frac{541}{517.6} = 46.3°$

(4)超前影响距与超前影响角

以下沉10mm为界来计算超前影响距离,Z22点下沉为10mm时距离工作面水平距离为441m(2013.04.10),Z21点下沉为10mm时距离工作面水平距离为471m(2013.04.10),Z20点下沉为10mm时距离工作面水平距离为501m(2013.04.10),Z19点下沉为10mm时距离工作面水平距离为531m(2013.04.10)四点平均为486m,推进速度为8m/d,所以超前影响角为:

$$\omega = atn\frac{512}{486} = 46.5°$$

如果以5mm为下沉界值,那么超前影响角为:

$$\omega = atn\frac{512}{620} = 39.5°$$

(5)最大下沉角(θ)

在倾向观测线上的A22点达到了最大下沉值,其中A22点距离

130201工作面上边界水平距离为218.11m,距离130201工作面下边界水平距离为76.92m,所以A22点偏离130201工作面中心下山方向一侧70.73m,煤层平均倾角为5°(130201工作面处的煤层倾角为7.5°)。最大下沉角为:

$$\theta = atn\frac{512}{70.73} = 82.1°$$

倾向方向的最大下沉角利用公式表示为 $\theta = 900 - 1.05\alpha$,其中 α 为煤层倾角。

(6)水平移动系数

根据走向观测线的首次和末次观测数据计算走向方向上的最大水平移动出现在Z20点,水平移动值均为0.163m,走向观测线上的最大下沉为2720mm。根据公式计算走向方向的水平移动系数为:

$$b_3 = \frac{U_0}{W_0} = \frac{163}{2720} = 0.06$$

根据倾向观测线的首次和末次观测数据计算倾向下山方向上的最大水平移动出现在A19点和A20点,水平移动值为1.014m和1.018m,倾向观测线上的最大下沉为3.034m。根据公式计算倾向下山方向的水平移动系数为:

$$b_1 = \frac{U_0}{W_0} = \frac{1016}{3034} = 0.3$$

倾向上山方向上的最大水平移动出现在A33,水平移动值为0.152m,倾向观测线上的最大下沉为3034mm。根据公式计算倾向上山方向的水平移动系数为:

$$b_2 = \frac{U_0}{W_0} = \frac{152}{3034} = 0.05$$

本次开采尺寸分析,未达到充分开采,开采的水平移动系数为0.06。下山方向的移动系数较大为0.3,上山方向的水平移动系数较小为0.05。走向和倾向方向的水平移动曲线如图2-37所示和图2-38所示。

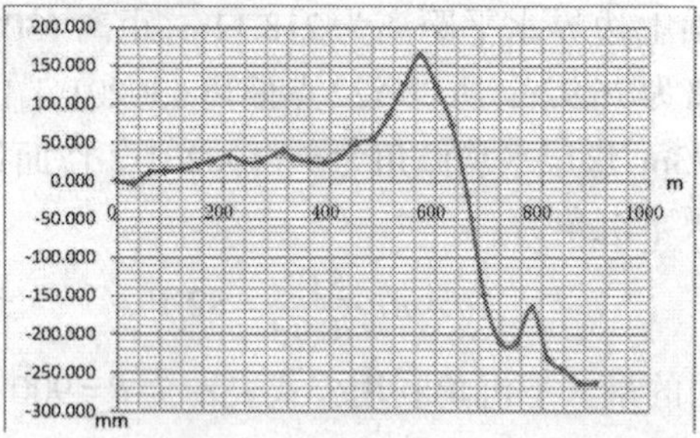

图2-37　走向方向的水平移动

从走向方向水平移动曲线可以看出：停采线处的水平移动值最大，距工作面开采中间区域的水平移动值不为零，且大于开采边界上方的水平移动值，并且移动方向相反，存在较大的水平变形残余。

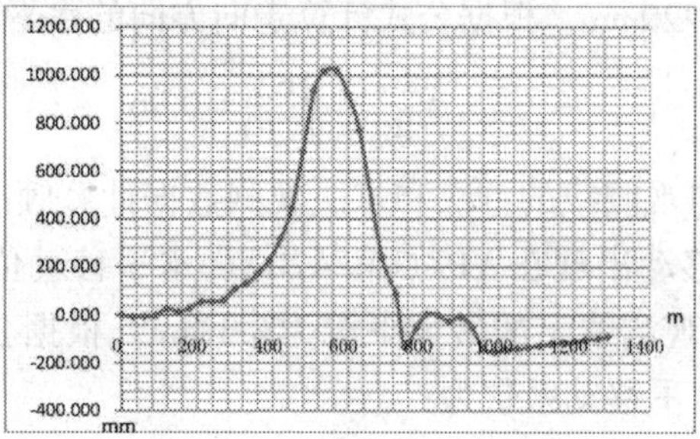

图2-38　倾向方向的水平移动

从倾向方向水平移动曲线可以看出：工作面上、下边界处以内的水平移动值最大，并且向上山方向的最大移动值要大于向下山方向的最大移动值，这是符合一般规律的。但是向上山方向的最大移动值要远大于向下山方向的最大移动值，这是个特点。有点类似急倾斜煤层开采条件下的规律。

(7)最大下沉速度滞后距

根据观测资料分析，以Z29点观测数据，根据公式：

$$v_n = \frac{W_{m+1} - W_m}{t}$$

计算的下沉速度：根据某特定观测点得到的最大下沉速度为

每月2674mm,图2-39所示(横轴为月份,纵轴为下沉速度)。

此时,130201工作面推进过该特定观测点的水平距离为157m。所以最大下沉速度滞后距可以确定为193m。最大下沉速度滞后角为:

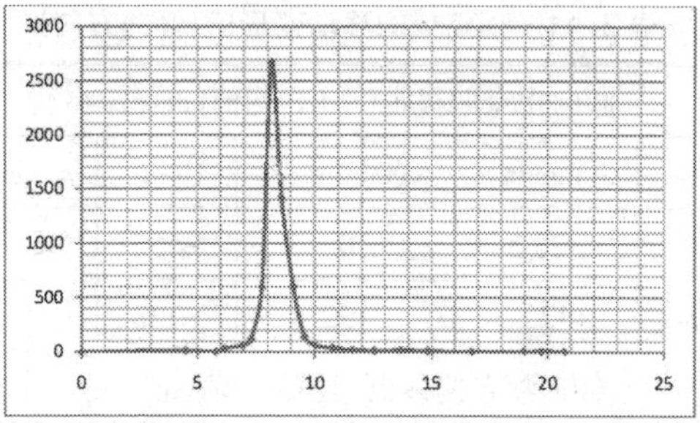

图2-39 下沉速度曲线图

最大下沉速度滞后距为157m,最大下沉速度滞后角为73°,这是在平均采深512m,厚松散层厚度12m的条件下获得的数据。

另外,从数据或者图形可以看出,下沉速度曲线比较瘦窄,说明在开采过程中出现了集中下沉现象,3个月期间下沉量每月超过50mm,可以确定在这个时期为活跃期,活跃期为三个月。

(8)拐点偏移距

根据观测资料分析,走向方向的倾斜、曲率、水平移动和水平变形值如表2-10所示。可以看出走向方向的拐点偏移距为内偏,平均值为133m。

表2-10 拐点处的移动变形值(走向方向)

项目	i(mm/m)	K(mm/m.m)	U(m)	ε(mm/m)	w(mm)
移动变形值	14.85	0.06	163	0	1517
距离停采线(m)	+133	+133	+103	—	+163
走向拐点偏移距均值(m):133					

注:+为内偏,-为外偏。

以2014年05月30日观测数据为依据,走向方向的倾斜、曲率、水平移动和水平变形值如表2-11所示。可以看出:下山方向的拐点偏移距为内偏,平均值为22.4m;上山方向的拐点偏移距不能确定。

表2-11　拐点处的移动变形值(倾向方向)

倾向拐点偏移距(下山)均值(m):12.4					
项目(上山)	i(mm/m)	K(mm/m.m)	U(m)	ε(mm/m)	w(m)
移动变形值	-23.5	0	-152	0	—
距离上边界(m)	132	132	-138	—	—
倾向拐点偏移距(上山)均值(m):—					

分析:根据综合考虑最终的拐点偏移距由于为达到充分采动条件所以倾向方向的拐点偏移距无法确定,走向方向的拐点偏移距值较大。

(9)移动角

根据临界变形值:$i=3\text{mm/m}$, $\varepsilon=2\text{mm/m}$, $k=0.2\text{mm/m}^2$ 确定走向移动角,而本次观测在停采线上方的Z16号点下沉仅为75mm,所以在停采线的外侧的移动和变形值均小于上述临界变形值,所以按照此临界变形值无法确定走向方向的移动角值。

根据临界变形值:$i=3\text{mm/m}$, $\varepsilon=2\text{mm/m}$, $k=0.2\text{mm/m}^2$ 确定倾向方向下山移动角,以倾向下山方向水平变形值为2mm/m的点位于A14点,距离工作面下为157.6m,上山方向的水平变形较达到2mm/m的点位于A33点,距离工作面下为137.9m。下山方向的移动角可以通过下列公式计算:

$$\beta=atn\frac{541}{157.6}=73.7^\circ$$

上山方向的移动角可以通过下列公式计算:

$$\gamma=atn\frac{484}{137.9}=74.1^\circ$$

分析:在地表松散层12m,基岩厚度500m,煤层倾角7.50(平均

50)的条件下,走向、倾向下山和倾向上山方向的移动角分别为无法确定、73.70和74.10,其中上山和下山的移动角值非常接近。

(10)主要影响正切角

根据观测站的走向方向数据计算和分析,最大正曲率为+0.21mm/m²,距离停采线为103.3m;最大负曲率为-0.25mm/m²,距离停采线为223.3m。最大正水平变形为+1.39mm/m,距离停采线为73.3m;最大负水平变形为-4.28mm/m,距离停采线为223.3m。根据上述位置出现在0.4r处,并考虑走向方向的拐点偏移距155.8m(按照最大曲率和最大水平变形关于拐点对称计算而得),根据计算主要影响半径在停采线外侧和内侧稍有不同,但基本接近。

综合分析:主要影响半径取其均值为169m。根据平均采深512m和主要影响半径169m,计算主要影响角正切为:3.0。

(11)松散层移动角

由于观测站处的地表松散层厚度约为12m,且为沙土层,松散层移动角在实际观测中难以观测,鉴于其厚度只有12m,对各个参数的计算和分析影响不大,计算采用的松散层移动角为45°。

2.5.7　岩层移动参数及其特征

根据地表移动观测资料分析,获得了一些本地质采矿条件下的岩层和地表移动参数,这些参数是在实测数据基础上,经过整理、分析、计算得到的,较为客观地反映了开采的实际情况,但由于本次观测是初次观测,也具有一定的特殊性,要得到本矿区更接近实际岩层与地表移动规律,还需要以后做进一步的观测和总结。

(1)主要移动参数及规律

在对实测资料分析的基础上,现将可以获得的岩层与地表移动参数汇总如表2-12所示。

表2-12　岩层与地表移动参数表

下沉系率（q）	水平移动系数（b）	拐点偏移距（S3）	超前影响角（Φ）	tanβ
0.73	0.06/0.3	12.4m	46.5°	3.0
充分采动角（ψ_3）	最大下沉角（θ）	走向边界角（δ_0）	下山边界角（β_0）	上山边界角（γ_0）
53.3°	θ=900-1.05α	54.7°	46.3°	50°
走向移动角（δ）	下山移动角（β）	上山移动角（γ）	最大下沉速度滞后角	
74°	73.7°	74.1°	73°	

(2)其他移动变形特征

根据对实测资料和具体条件进行综合分析，本次开采为走向方向充分采动，倾向方向非充分采动条件下的规律，在此基础上得到了一些特征规律：

①本次开采下沉系数(率)0.73，在工作面边界的上方伴有裂缝现象的发生。

②最大下沉点偏向下山方向明显（最大下沉角达到82.1°，系数约为1.05）。

③走向、上山和下山方向的移动角值基本相同。

④呈现危险移动范围集中和下沉活跃期的集中性，活跃期为三个月。

⑤移动角正切值偏大，根据计算为3，从这一值来看，又几乎达到了充分采动条件。

2.5.8　小结

随着国家对生态环境的重视程度与日俱增，获取因开采地下资源而引起的地表沉陷参数，为矿区规划、科学采矿及矿山地质环境治理提供可靠数据，是今后预防采煤沉陷引起地质灾害的一项重要职责。本矿区所选工作的地表岩移观测设计科学合理，组织严密,作业过程严格按照设计执行,采用电子水准仪,GNSS中的静态、RTK等现代测绘设备和手段用于地表观测站,实现地表移动观测站在全面观测和日常观测的高精度数据采集和处理,获得了高精度的变形原始数据。对实测资料经过综合分析和总结,获得了一些必要的岩层与地表移动参数和特征,可以说基本代表了本次开采具体条件下的基本特征,初次获得了本矿区的岩层与地表移动参数和基本特征,对以后的实际工作具有一定的参考价值和重要的指导作用。本次观测站设计与观测取得了圆满成功,初次获得了较为可靠且符合实际的岩层与地表移动变形参数,以及本矿区的地表移动变形的基本规律,当然,要掌握更为确切的规律性的数据与规律,还要开展进一步的验证,以及进一步的实验、观测、分析和总结工作。

第三章　随机介质理论基础

地表移动概率积分法的基础是随机介质理论[79]。随机介质理论首先由波兰学者李特威尼申(J.Litwiniszyn)于20世纪50年代引入岩层与地表移动,我国学者刘宝琛等进行深入研究、发展为概率积分法,并在自重应力型煤矿得到了广泛应用。

李特威尼申等学者应用非连续介质力学中的颗粒体介质力学研究岩层及地表移动问题,认为开采引起的岩层和地表移动的规律与作为随机介质的颗粒体介质模型所描述的规律在宏观上相似。概率积分计算方法就是把地下开采所引起的岩层及地表移动过程看成是随机过程,用概率论的方法建立由地下单元开采所引起的岩层及地表单元下沉盆地表达式、单元水平移动表达式,经叠加建立地表下沉的剖面方程及其他移动与变形分布表达式[80][81]。

3.1　随机介质原理论简介

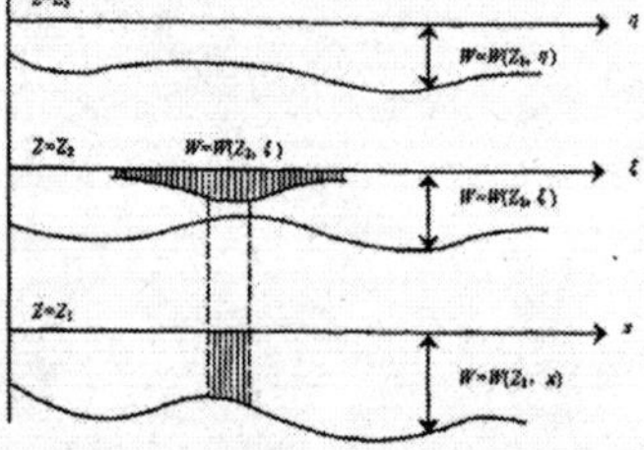

图3-1　开采影响传播示意图

如图3–1所示，在直角坐标系中，zx，$z\zeta$，$z\eta$ 代表不同水平面上的岩层。当开采在 z_1 水平进行时，z_1 水平的下沉曲线为 $W(z_1, x)$，这一下沉可导致其上部 z_2，z_3 水平分别以一定的概率发生的下沉量为 $W(z_2, \zeta)$，$W(z_3, \eta)$。由于是发生的原因，故可认为 $W(z_2, \zeta)$ 是某个特定数学运算作用于函数 $W(z_1, x)$ 的结果，其表达式为：

$$W(z_2, \zeta) = \Omega_{z_1}^{z_2} W(z_1, x) \tag{3-1}$$

同理：

$$W(z_3, \eta) = \Omega_{z_1}^{z_3} W(z_1, x) \tag{3-2}$$

$$W(z_2, \eta) = \Omega_{z_1}^{z_3} W(z_2, \zeta) = \Omega_{z_2}^{z_3} \Omega_{z_1}^{z_2} (z_1, x) \tag{3-3}$$

设在水平处开采一个微元，则在水平上造成的下沉应与成正比，其比例系数称为分布系数，记为，则：

$$W(z_2, \zeta) = \int_{-\infty}^{+\infty} W(z_1, x) \cdot \delta(z_1, x; z_2, \zeta) \tag{3-4}$$

比较(3–1)与(3–2)可知，是一个积分算子，算子核即为分布函数，为满足式(3–4)，须满足：

$$\delta(z_1, x; z_3, \eta) = \int_{-\infty}^{+\infty} \delta(z_1, x; z_2, \zeta) \cdot \delta(z_2, \zeta; z_3, \eta) \tag{3-5}$$

上述方程是一个积分方程，李特威尼申求得的最后下沉盆地，对平面问题，必须满足方程式：

$$\frac{\partial W(z, x)}{\partial z} = z(z, x) W(z, x) + \beta(z, x) \frac{\partial W(z, x)}{\partial x} + \gamma(z, x) \frac{\partial^2 W(z, x)}{\partial x^2} \tag{3-6}$$

在空间问题中，以 z 表示垂直轴，以 x_1，x_2 表示两个相互正交的水平轴，则为：

$$
\begin{aligned}
\frac{\partial W(z,\ x_1,\ x_2)}{\partial z} = & B_{11}(z,\ x_1,\ x_2)\frac{\partial^2 W(z,\ x_1,\ x_2)}{\partial x_1^2} \\
& + B_{12}(z,\ x_1,\ x_2)\frac{\partial^2 W(z,\ x_1,\ x_2)}{\partial x_1 \partial x_2} \\
& + B_{22}(z,\ x_1,\ x_2)\frac{\partial^2 W(z,\ x_1,\ x_2)}{\partial x_2^2} \\
& + A_1(z,\ x_1,\ x_2)\frac{\partial W(z,\ x_1,\ x_2)}{\partial x_1} \\
& + A_2(z,\ x_1,\ x_2)\frac{\partial W(z,\ x_1,\ x_2)}{\partial x_2} \\
& + N(z,\ x_1,\ x_2)W(z,\ x_1,\ x_2)
\end{aligned}
\tag{3-7}
$$

李特威尼申称符合这一方程的介质为随机介质,遵循这一规律的运动称为随机介质运动。砂粒、岩块体、破碎矿岩等就是这类介质,随机介质理论是地表移动与变形、岩体内部移动与变形等预计体系的基础[82]。

3.2 水平成层介质的单元盆地

3.2.1 单元盆地的下沉

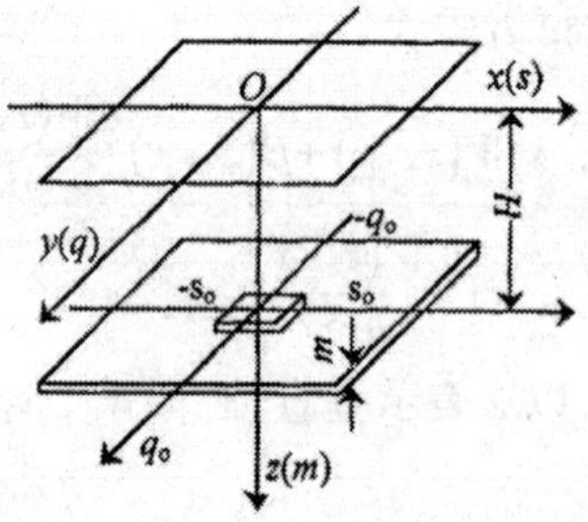

图3-2 地表点及开采空间坐标系

如图3-2所示,设角坐标系为x, y, z及s, q, m。在采深为H处,当采出肯定会引起地表点下沉的体积为$2s_0 \times 2q_0 \times 2m_0$的单元体积的矿体时,则组成这一开采的单元体积在地表所形成的最终稳定盆地称为单元下沉盆地。

在三维问题中，地下 (x_0, y_0, z_0) 处开采使地表点 $A(x, y, z)$ 附近某一小块面积发生下沉这一事件的概率为：

$$p(ds)=\delta(x, y, z)ds=p^2\cdot\exp\left[-h^2\left(x^2+y^2\right)\right]ds \tag{3-8}$$

$p(ds)$ 表明 z_0 的开采对影响以随机方式传至 z 水平上时，开采影响在 z 水平上的随机分布。由此可得到顶板下沉盆地的表达式：

$$W(x, y, z)ds=p^2\cdot\exp\left[-h^2\left(x^2+y^2\right)\right]W(x_0, y_0, z_0)\triangle s_0 \tag{3-9}$$

令开采面积 $\triangle s_0=1$，采高 $W(x_0, y_0, z_0)=1$，即为单元开采。此时，在上覆岩层中造成的下沉盆地为单元盆地 W_e，于是单元盆地的下沉方程为：

$$W_e(x, y, z)ds=p^2\cdot\exp\left[-h^2\left(x^2+y^2\right)\right] \tag{3-10}$$

由于上覆岩石是逐渐下沉，单元盆地是时间的函数，即为 $W_e(x, y, z, t)$。对应地，盆地体积为：

$$V_e=\int_{-\infty}^{+\infty}\int_{-\infty}^{+\infty}We(x, y, z, t)\mathrm{d}x\mathrm{d}y \tag{3-11}$$

若以单元体被采出瞬间为时间起算点，有：

$$\begin{aligned}&t=0,\ V_{e=0}\\&t\rightarrow 0,\ V_e=0\end{aligned} \tag{3-12}$$

若设定增加率与残存未压缩体积成正比，即

$$\frac{dV_e}{dt}=C\cdot(1-V_e) \tag{3-13}$$

则求解式(3-13)可得：

$$V_e=1-e^{-ct} \tag{3-14}$$

由此可得水平成层或水平各向同性介质中，单元下沉盆地的表达式为：

$$W_e(x, y, z, t)=\frac{1}{r^2(z)}\left(1-e^{-ct}\right)\cdot\exp\left[-\frac{\pi}{r^2(z)}\left(x^2+y^2\right)\right] \tag{3-15}$$

式中 $r(z)$ 为主要影响半径,对整个岩层而言, $r(z)=\dfrac{\sqrt{\pi}}{h(z)}$。

3.2.2　单元盆地的水平移动

下沉盆地的体积变化 e 可表示为沿三个轴线方向的线应变 ε_x, ε_y, ε_z 之和,即:

$$e=\varepsilon_x+\varepsilon_y+\varepsilon_z \tag{3-16}$$

对于二维情况,考虑上述体积不变假设为:

$$\varepsilon_x+\varepsilon_z=0 \tag{3-17}$$

$$\varepsilon_x=\frac{\partial U_e(x,\ z)}{\partial x} \tag{3-18}$$

$$\varepsilon_z=-\frac{\partial U_e(x,\ z)}{\partial z} \tag{3-19}$$

式中 $U_e(x,\ z)$ 为岩体 $(x,\ z)$ 点受单元开采影响产生的水平移动,简称为单元水平移动。 ε_z 中的“-”号是由于 W 轴与 z 轴方向相反。代入式(3-17),有:

$$\frac{\partial U_e(x,\ z)}{\partial x}=-\frac{\partial U_e(x,\ z)}{\partial z} \tag{3-20}$$

可得:

$$U_e(x,\ z)=B(z)\cdot\frac{\partial U_e(x,\ z)}{\partial z} \tag{3-21}$$

式(3-21)即为随机介质理论模型的单元水平移动计算公式, $B(z)$ 称为水平移动系数。

对于地表来说, z 等于开采深度 H , $B(z)$ 为常数,可令为 B ,则:

$$U(x)=B\cdot\frac{dW_e(x)}{dx}=\frac{2\pi Bx}{r^3}\exp\left[-\pi\frac{x^2}{r^2}\right] \tag{3-22}$$

式(3-22)为地表单元开采移动表达式。

3.3　任意水平开采时的地表移动与变形

如图 3-2 所示的单元开来引起, $t\to\infty$ 时,式(3-15)表示开采单元体积在地表点所形成的最终稳定单元下沉盆地方程：

$$W_{ek}(x,\ y)=\frac{1}{r2(z)}\exp\left[-\frac{\pi\left(x^2+y^2\right)}{r^2(z)}\right] \tag{3-23}$$

据此可推导大范围开采时的地表移动与变形预计公式如下。

（1）下沉

$$W(x,\ y)=\frac{1}{W_{\max}}\int_{-s_0}^{s_0}\frac{W_{\max}}{r}\exp\left[-\frac{\pi}{r^2}(x-s)^2\right]ds\int_{-q_0}^{q_0}\frac{W\max}{r}\exp\left[-\frac{\pi}{r^2}(y-q)^2\right]\mathrm{d}q \tag{3-24}$$

式中 $W_{\max}$ 为最大最终地表可能下沉值；r 为地表主要影响半径；$2S_0$ 为沿走向 x 方向开采宽度；$2q_0$ 为沿倾向 y 方向的开采宽度的水平投影值。

（2）沿 x，y 方向及任意方向的水平移动

$$U_x(x,\ y)=\frac{br}{W_{\max}}-\frac{W_{\max}}{r}\left[\exp\frac{-\pi\left(x+s_0\right)^2}{r^2}-\exp\frac{-\pi\left(x-s_0\right)^3}{r^2}\right]\cdot$$

$$\frac{W_{\max}}{\sqrt{\pi}}-\int_{\frac{\sqrt{\pi}}{r}(y-q_0)}^{\frac{\sqrt{\pi}}{r}(y+q_0)}\exp\left(-\lambda^2\right)\mathrm{d}\lambda$$

$$U_y(x,\ y)=\frac{br}{W_{\max}}-\frac{W_{\max}}{r}\left[\exp\frac{-\pi\left(y+s_0\right)^2}{r^2}-\exp\frac{-\pi\left(y-s_0\right)^3}{r^2}\right]\cdot \tag{3-25}$$

$$\frac{W_{\max}}{\sqrt{\pi}}-\int_{\frac{\sqrt{\pi}}{r}(x-q_0)}^{\frac{\sqrt{\pi}}{r}(x+q_0)}\exp\left(-\lambda^2\right)\mathrm{d}\lambda$$

$$U_f(x,\ y)=U_x\cos\varphi+U_y\sin\varphi$$

式中 b 为水平移动系数；φ 为任意方向 f 与走向 x 轴间夹角。

（3）沿 x，y，z 方向水平变形 ε_x，ε_y，ε_φ 及剪切变形 γ_{xy} 最大水平变形 $\varepsilon_{\max}$

$$\varepsilon_x(x,\ y)=2\pi b\frac{W_{\max}}{r}\left\{\frac{x+s_0}{r}\cdot\exp\left[-\pi\frac{(x+s_0)^2}{r^2}\right]-\frac{x-s_0}{r}\cdot\exp\left[-\pi\frac{(x-s_0)^2}{r^2}\right]\right\}\frac{1}{\sqrt{\pi}}\int_{\frac{\sqrt{\pi}}{r}(y-q_0)}^{\frac{\sqrt{\pi}}{r}(y+q_0)}\exp(-\lambda^2)\mathrm{d}\lambda \tag{3-26}$$

$$\varepsilon_y(x,\ y)=2\pi b\frac{W_{\max}}{r}\left\{\frac{y+q_0}{r}\cdot\exp\left[-\pi\frac{(y+q_0)^2}{r^2}\right]-\frac{y-q_0}{r}\cdot\exp\left[-\pi\frac{(y-q_0)^2}{r^2}\right]\right\}\frac{1}{\sqrt{\pi}}\int_{\frac{\sqrt{\pi}}{r}(x-s_0)}^{\frac{\sqrt{\pi}}{r}(x+s_0)}\exp(-\lambda^2)\mathrm{d}\lambda \tag{3-27}$$

$$\gamma_{xy}(x,\ y)=-\frac{W_{\max}h'}{\pi h}\left\{\exp\left[-\pi\frac{(x+s_0)^2}{r^2}\right]-\exp\left[-\pi\frac{(x-s_0)^2}{r^2}\right]\right\}\left\{\exp\left[-\pi\frac{(y+q_0)^2}{r^2}\right]-\exp\left[-\pi\frac{(y-q_0)^2}{r^2}\right]\right\} \tag{3-28}$$

$$\varepsilon_f(x,\ y)=\varepsilon_x\cos^2\varphi+\varepsilon_y\sin^2\varphi+r_{xy}\sin\varphi\cos\varphi \tag{3-29}$$

$$\varepsilon_{\max}(x,\ y)=\frac{1}{2}\left[\varepsilon_x+\varepsilon_y\pm(\varepsilon_x-\varepsilon_y)^2+r_{xy}^2\right]^{\frac{1}{2}} \tag{3-30}$$

$$\phi_{z_{\max}}=\frac{1}{2}\arctan\frac{\gamma_{xy}(x,\ y)}{\varepsilon_x(x,\ y)-\varepsilon_y(x,\ y)} \tag{3-31}$$

（4）地表点倾斜

$$T_x(x,\ y)=\frac{1}{br}U_x(x,\ y) \tag{3-32}$$

$$T_y(x,\ y)=\frac{1}{br}U_t(x,\ y) \tag{3-33}$$

$$T_{\max}(x,\ y)=\left(T_x^2+T_y^2\right)^{\frac{1}{2}} \tag{3-34}$$

$$T_f=T_x\cos\varphi+T_y\sin\varphi \tag{3-35}$$

（5）地表点曲率

$$K_x = \frac{1}{br}\varepsilon_y(x,\ y) \tag{3-36}$$

3.4　岩体内部的移动规律

如式（3–23），随机介质理论在考虑岩体内部移动规律时，认为 $r(z)$ 随 z 变化。在地表 $z=0$ 处，$r(z=0)=R$ 具有最大值；在采空区顶板，$z=H$，$r(z)$ 具有最小值，且 $r(z)$ 为 z 的单调函数。

最简单的假设称地表主要影响半径 R 是开采深度 H 和表征上覆岩层力学性质的主要影响角正切 $\tan\beta$ 的函数，即：

$$R = \frac{H}{\tan\beta} \tag{3-37}$$

因此，岩体内部的主要影响半径为：

$$r(z) = \frac{H-z}{\tan\beta_z} \tag{3-38}$$

式（3–38）中，分子 $H-z$ 是 z 的线性函数，若 $\tan\beta_z$ 为常数，则 $r(z)$ 也为 z 的线性函数，即岩体内部的主要影响半径 $r(z)$ 在岩体内部随 z 呈线性变化，但由于在整个厚度为 H 的岩层内，其各个组分的岩性总是复杂多变的，故岩层内部的主要影响范围角正切 $\tan\beta_z$ 也是变化的，并为厚度与采深的相对比值 $\frac{H}{H-z}$ 及岩石力学性质参数的函数，一般情况下，取为：

$$\tan\beta_z = \left(\frac{H}{H-z}\right)^{n-1}\tan\beta \tag{3-39}$$

式中 n 为与岩层力学性质有关的参数，称为主要影响半径指数。

$$n = -2\pi b\tan\beta \tag{3-40}$$

即由地表水平移动系数 b 及地表主要影响范围角的正切决定，负号表示指数 n 与 b 取相反的符号，如图3–3所示。

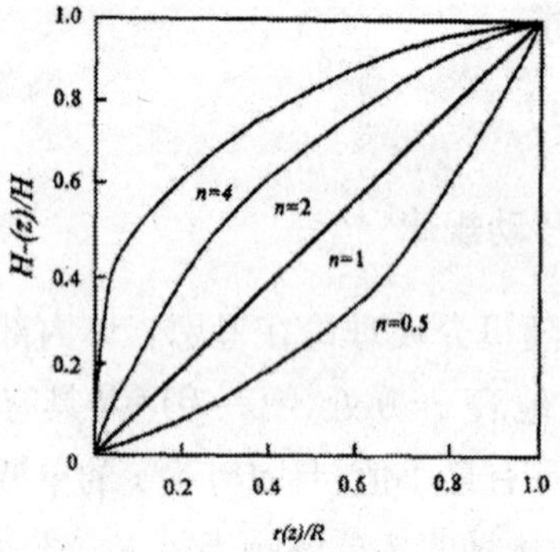

图3-3 $\frac{r(z)}{R}$ 的 $\frac{H-z}{H}$ 关系曲线

当 $n=1$ 时，开采主要影响半径在岩体内部呈线性变化；

当 $n>1$ 时，$\tan\beta(z)>\tan\beta$，主要影响范围的边界在岩体内呈向上鼓的曲线；

当 $n<1$ 时，$\tan\beta(z)<\tan\beta$，主要影响范围的边界在岩体内呈向下凹的曲线。

由此岩体内部的水平移动系数 $b(z)$ 为：

$$b(z)=\frac{r(z)}{2\pi}=-\frac{n}{2\pi}\frac{R}{H}\left(\frac{H}{H-z}\right)^{n-1}=b\left(\frac{H-z}{H}\right)^{n-1} \tag{3-41}$$

根据 $r(z)$，$b(z)$ 值可以获得岩体内部相应子式(3-24)，(3-25)的计算公式。

第四章　宁东地下采煤引起地表沉陷的数值模拟计算

目前在模拟和预计由地下开采引起的地表沉陷时,国内外主要应用影响函数预计理论,我国应用比较成熟的是概率积分法,其基础是随机介质理论。概率积分法预计的精确度取决于在特定条件下选用的岩移参数的准确度及采矿、地质、地形等因素[83][84]。宁东灵武矿区在磁窑堡矿进行了C26工作面厚煤层分层开采的地表移动观测,获得实测的地表移动参数。为了提高计算模拟的准确度,参照神府矿区相似材料模拟试验的结果和磁窑堡矿C26工作面开采在地表产生的裂缝及主要破坏特征,通过综合分析得到了适合该矿区特定地质采矿技术条件的地表沉陷基本规律和地表移动参数,为采煤沉陷破坏的模拟分析计算提供了可靠的参数与基础素材。

4.1　数值模拟计算理论与方法

精确预计由地下采动引起的地表移动变形值是实现资源最大回收率,提高开采经济效益,确保建筑物安全,准确评估采煤采动损害程度的关键性技术,目前在我国主要以概率积分法作为其理论基础,将岩体视为由大量尺寸不同、形状各异的岩块紧密地挤压在一起组成。以统计的规律出发,可以把整个地下开挖分解为无限多小面积开挖。这样,整个开挖对岩体内及地表的影响,就等于构成这一开挖的许多无限小面积对岩体及地表影响的总和。地下采动对覆岩及地表的影响是一个连续函数,其下沉是随机偶然发生的事件。概率积分法预计的误差因不同的采矿地质条件而有所不同。在复杂采矿地质条件下其误差相对较大,一般移动值最大误差在10%~20%,变形值最大误差在20%~50%,在特殊采矿地质、地形条件下有时会更大[85][86]。其原因在于:

概率积分法是以随机介质理论为基础,依赖于统计观测获得的综合理论参数,理论预计参数的选择决定了它的精确度;概率积分法预计在我国目前应用的是直角坐标系统计算模型,要求预计的开采范围为矩形,煤层与地表的变化(采高、采深、煤层倾角、地形变化)较小,无大的地质构造与断层等,因而其应用局限性很大;当覆岩中存在控制地表移动变形的关键层时,地表移动变形的破坏速率与随机介质理论差异很大,地表沉陷活动周期的变化也很大;覆岩岩性、采深、开采速度、开采时间、顺序、方向的动态影响。

以几何积分理论为基础由二维积分变换法引入岩性及下沉时间影响参数(半力学,半经验参数),同时对于影响函数预计采用了极坐标闭合积分数学模型,实现了适应采矿地质条件变化大的要求(可以将开采区域按采矿地质条件变化随意划分,类似于有限元模拟计算方法)。

4.2 数值模拟计算模型

4.2.1 基本数学模型

宁东灵武矿区磁窑堡和石沟驿两个采煤沉陷采煤区,以及羊场湾采煤沉陷前期观察区,属于特厚煤层分层开采和多煤层开采区域,煤层埋藏浅、松散覆盖层厚度变化大,开采条件变化大,开采形状不规则,开采时间先后不同。模拟计算模型应满足适应不同区段开采形状、开采方法、开采时间变化的要求。为了减小采深、采高、开采方向、开采顺序及时间等因素的影响，提高预计计算精度，在计算中采用多块段划分计算。计算模型采用极坐标闭合回路积分通用模型（如图4-1）[87][88]。

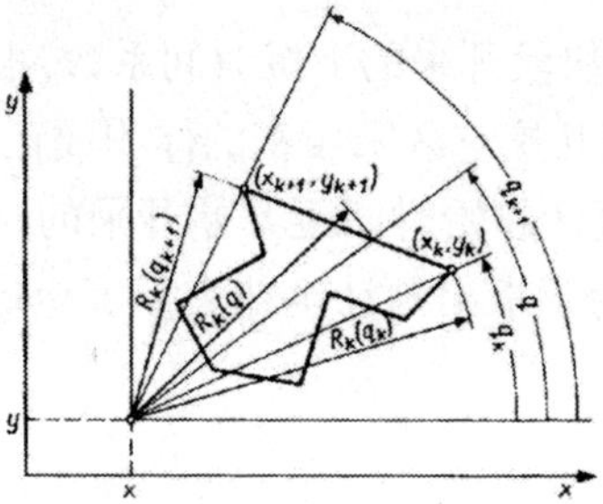

图4-1　极坐标通用积分计算模型示意图

其基本的计算模型如下：

$$D(x,\ y,\ z)=\sum_{i=1}^{m}C_i\sum_{k=1}^{l}\int_{q}^{q_{k+1}}f_{jl}(R_k,\ z)f_{j2}(q)\mathrm{d}q \tag{4-1}$$

式中：

x，y，z—计算点的坐标；

C_i—时间影响系数；

m—计算块段数目；

l—计算开采任意条块的拐点数；

q_k—使用计算的直角坐标系中 x 轴与通过计算点 $p(x,\ y)$ 和拐点 k 连线间的夹角，其中 $q_k=q_{k+1}$；$q_{i+1}=q_1$；

f_{j1}，f_{j2}—运算函数。

极坐标半径：$R_k=R_k(q,\ x,\ y)$；

$$R_k=\frac{(x_k-x)(y_{k+1}-y_k)-(y_k-y)(x_{k+1}-x_k)}{(y_{k+1}-y)\cos(q)-(x_{k+1}-x)\sin(q)} \tag{4-2}$$

式中：

x_k，y_k—计算开采块段拐点的坐标。

基于上述原理，导出概率积分法预计地表动态下沉的极坐标数学模型为：

$$W(x,\ y,\ t)=\frac{W_{\max}}{2\pi}\sum_{i=1}^{m}C_i\sum_{k=1}^{l}\int_{q_k}^{q_{k+1}}\left[1-e^{-\pi\frac{R_k^2}{r^2}}\right]\mathrm{d}q \tag{4-3}$$

式中 C_i 为第 i 块段开采的下沉时间系数，根据Sulstowicz“下沉盆地体积的增长与开挖空区未压密的体积成正比”的假设，设开始开采时刻 $t\to 0$；预计起始时间距开始开采的时间间隔 $t=t_i$；地表稳定时 $t\to\infty$；则为了求出预计至地表下沉稳定时间内，地表的动态下沉系数

$$C_i\left(1-e^{ct_i}\right) \tag{4-4}$$

式中：

t_i—第 i 块段从开采至计算的时间，(a)；

c—采深、岩性系数。

c 值的界定值为，当采深较浅，覆岩松散较软时，韧性较差，采深较浅，覆岩较硬时，韧性较大，$c=2.0$~2.5；采深较大，覆岩较软时，韧性较差，$c=1.5$~2.0；采深较大，覆岩较硬时，韧性较大，$c=1.0$~1.5。参数 c 与下沉时间之间的变化关系如(图4-2)。在重复采动条件下，c 值一般小于1。

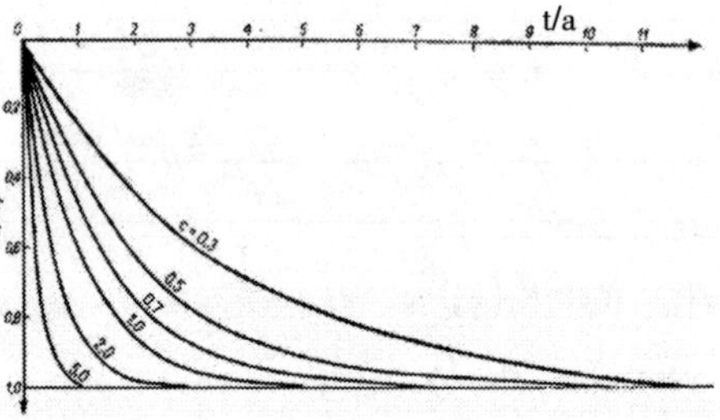

图4-2　采深、岩性系数c与持续时间关系

通过实测分析地表移动规律，在灵武矿区的采矿地质条件下，当采深 $H<100$ m时，$c=3.0$~2.5；当采深 H 在100~200m 范围时，$c=2.5$~2.0 采深 $H>200$ m时，$c=2.0$~1.5。

由式(4-3),按各开采块段不同的采矿地质参数和已开采的时间,可以计算出地表任意点的动态沉陷值。根据地表下沉和水平移动间的关系可以得出,地表动态水平移动值计算公式:

$$U(x,\ y,\ t)=\frac{W_{\max}}{2\pi}\sum_{i=1}^{m}C_i b_i\sum_{k=1}^{l}\int_{q_k}^{q_{k+1}}\left[1-e^{-\pi\frac{R_k^2}{r^2}}\right]\mathrm{d}q \tag{4-5}$$

式中:

b_i—第 i 开采块段的水平移动系数。

由式(4-3)和(4-5)按地表移动变形间的数学关系,得出预计地表动态沉陷引起的倾斜(i_x、i_y)、曲率(K_x、K_y)和水平变形(x、y)公式如下:

$$i_x=\frac{W_{\max}}{r}\sum_{i=1}^{m}C_i\sum_{k=1}^{l}\int_{q_k}^{q_{k+1}}F_1\left(\frac{R_k}{r}\right)\cos q\mathrm{d}q \tag{4-6}$$

$$i_x=\frac{W_{\max}}{r}\sum_{i=1}^{m}C_i\sum_{k=1}^{l}\int_{q_k}^{q_{k+1}}F_1\left(\frac{R_k}{r}\right)\sin q\mathrm{d}q \tag{4-7}$$

$$K_x=\frac{W_{\max}}{r^2}\sum_{i=1}^{m}C_i\sum_{k=1}^{l}(P_k-Q_k) \tag{4-8}$$

$$K_y=\frac{W_{\max}}{r^2}\sum_{i=1}^{m}C_i\sum_{k=1}^{l}(P_k+Q_k) \tag{4-9}$$

$$\varepsilon_x=W_{\max}\sum_{i=1}^{m}b_iC_i\sum_{k=1}^{l}\int_{q_k}^{q_{k+1}}F_1\left(\frac{R_k}{r}\right)\cos qdq \tag{4-10}$$

$$\varepsilon_y=W_{\max}\sum_{i=1}^{m}b_iC_i\sum_{k=1}^{l}\int_{q_k}^{q_{k+1}}F_1\left(\frac{R_k}{r}\right)\sin qdq \tag{4-11}$$

式中 $F_1(s)=se^{-\pi s^2}-\int_0^s e^{-\pi t^2}dt$;

$F_2(s)=\pi s^2e^{-\pi s^2}$;

$F_3(s)=1-se^{-\pi s^2}-\pi s^2e^{-\pi s^2}$;

$P_k=\int_{q_k}^{q_{k+1}}F_2\left(\frac{R_k}{r}\right)dq$;

$$Q_k = \int_{q_k}^{q_{k+1}} F_3\left(\frac{R_k}{r}\right)\cos 2q\mathrm{d}q$$ 。

4.2.2　地表任意点的移动变形预计式

全盆地预计模拟需要计算地表任意点的移动变形值，可通过坐标的旋转与移动完成，与 x 轴夹角方向剖面上点的移动变形主要公式可以借助于式(4–3)~(4–11)由下列关系式导出。

任意点水平移动：$U_\varphi = U_x \cos\varphi + U_y \sin\varphi$　(4–12)

主水平移动：$U_M = \sqrt{U_x^2 + U_y^2}$　(4–13)

主水平移动方向：$\mathrm{tg}\,\varphi_u = \dfrac{U_y}{U_x}$　(4–14)

任意点倾斜：$i_\varphi = i_x \cos\varphi + i_y \sin\varphi$　(4–15)

主倾斜：$i_M = \sqrt{i_x^2 + i_y^2}$　(4–16)

主倾斜方向：$\mathrm{tg}\,\varphi_i = \dfrac{i_y}{i_x}$　(4–17)

任意点水平变形：$\varepsilon_\varphi = \varepsilon_x \cos^2\varphi + \gamma_{xy} \sin\varphi + \varepsilon_y \sin^2\varphi$　(4–18)

式中：$\gamma_{xy} = \dfrac{\partial U_x}{\partial y} + \dfrac{\partial U_y}{\partial_x}$

主水平变形：$\varepsilon_{1,\,2} = \dfrac{1}{2}\left(\varepsilon_x + \varepsilon_y\right) \pm \dfrac{1}{2}\sqrt{\left(\varepsilon_x + \varepsilon_y\right)^2 + \gamma_{xy}^2}$　(4–19)

主水平变形方向：$\mathrm{tg}\,2\varphi_\varepsilon = \dfrac{\gamma_{xy}}{\varepsilon_x + \varepsilon_y}$　(4–20)

任意点曲率变形：

$$K_\varphi = K_x \cos^2\varphi + 2\Lambda_{xy} \sin\varphi \cos\varphi + K_y \sin^2\varphi \quad (4\text{–}21)$$

式中：$\Lambda_{xy} = \dfrac{\partial^2 W}{\partial x \partial y}$

主曲率变形：$\dfrac{1}{2}\left(K_x + K_y\right) \pm \sqrt{\dfrac{1}{4}\left(K_x + K_y\right)^2 + \Lambda_{xy}^2}$　(4–22)

主曲率变形方向：$\mathrm{tg}\,2\varphi_K = \dfrac{2\Lambda_{xy}}{K_x + K_y}$　(4–23)

4.3　数值模拟计算规则

（1）根据灵武矿区已经开采的区域内地表塌陷盆地分布的情况，将灵武矿区采动地表塌陷区划分为2个区域，即磁窑堡采煤区（包括：磁窑堡、灵新、羊场湾一矿开采形成的地表塌陷区）、石沟驿采煤区（石沟驿矿开采形成的地表塌陷区）。

（2）根据上述2个区的地质采矿及开采条件进行模拟计算开采单元划分，以点阵式计算采动地表全盆地移动变形值，然后经图形处理给出地表移动盆地移动变形等值线采煤图。

（3）开采单元按开采时间、煤层埋深、倾角、开采高度、松散覆盖层厚度、开采方法及顶板管理情况在区段内划分，同一开采单元的这些参数应一致或差别很小。

（4）区段间煤柱或采空区中的残留煤柱小于5m的略去，大于5m的根据其稳定性和支撑效应划分独立单元计算。

（5）所有预计结果用移动变形等值线图表示，作为采煤引起地表塌陷损害程度采煤的主要依据之一。

（6）通过反演模拟C26工作面开采地表移动变形参数，验证预计模拟地表移动变形值与实测结果的拟合程度，确保数值模拟的精度，同时与相似材料模拟结果、地表观测结果对比，综合分析确定地表移动参数。

4.4　数值模拟计算内容

根据宁东采煤区及矿区的实际情况与当地需求，在大量分析调研的基础上，应用计算机模拟计算方法给出灵武矿区地下开采引起地表沉陷范围及其移动变形量的等值线分布采煤图，具体内容包括[89]：

（1）开采引起各采煤区地表下沉、水平移动、倾斜的最大值，曲率、水平变形的最大值。

(2)各采煤区开采影响范围内任意点移动变形值。

(3)根据开采时间,地表沉陷破坏程度划分出各采煤区开采地表影响范围与非稳定沉陷分区图。

4.5 计算参数反演模拟计算

C26工作面走向长825m,倾斜宽190~115m。地面平均标高1343m,基岩平均标高1328m,煤层平均标高1163m。煤层平均厚度9.6m,采用走向长壁倾斜分层全冒管理顶板方法开采,分层开采厚度2.0m。开采时间1996年1月至2000年2月。开采期间建立了地表移动观测站进行观测,2000年10月22日观测结束。

根据C26工作面地质、采矿条件,进行反演模拟优化采动地表移动概率积分法预计参数,反演模拟各分层开采地表移动基本稳定条件下的最佳地表移动曲线拟合度,确定了最优的概率积分法预计参数及地表岩移参数,见表4-1。

表4-1 C26工作面开采反演模拟优化地表移动参数

C26观测站	边界角(°)				移动角(°)			裂缝角(°)		
	b0	g0	d0	j	b	g	d	b“	g“	d“
初 采	56	58	56	52	68	70	70	76	80	82
复 采	56	58	56		69	72	72	76	78	78

采动情况	充分采动下沉系数(q)	水平移动参数(b)	主要影响角正切(tgb)	最大下沉角(θ)	拐点偏移距(d)
初采	0.73	0.25	2.747	83.5°	8.1m
一次复采	0.78	0.25	3.078	84°	7.6m
三次及三次以上复采	0.86	0.25	3.078	84°	7.6m
下沉时间参数(c)	2.0 ~ 3.0				

各分层开采后地表沿走向观测线移动变形的反演模拟结果如

图4-3所示。根据C26工作面分层开采的时间,对应各分层开采后地表移动基本稳定的观测时间,进行反演模拟使观测点的移动值与预计曲线达到最佳拟和程度,从而确定出有关概率积分法预计及地表移动参数。从图4-3对比可见反演预计结果与实测结果拟合较好,说明表4-1所列的地表移动参数确定合理。

图4-4给出了C26工作面5个分层开采结束,地表移动稳定后的地表移动盆地的等值线图。

图4-5是通过模拟计算得到的,将5个煤分层开采后,地表移动结束时,在平行和垂直于开采工作面方向上水平变形等值线的叠加分析图。图中的外围区域为地表实地观测的地表裂缝带。

通过计算机反演模拟得到的有关参数,为预计采煤灵武矿区采煤沉陷提供了准确的预计参数,同时也为该矿区今后留设保护煤柱,“三下”开采提供了可靠的计算参数和基础素材[90]。

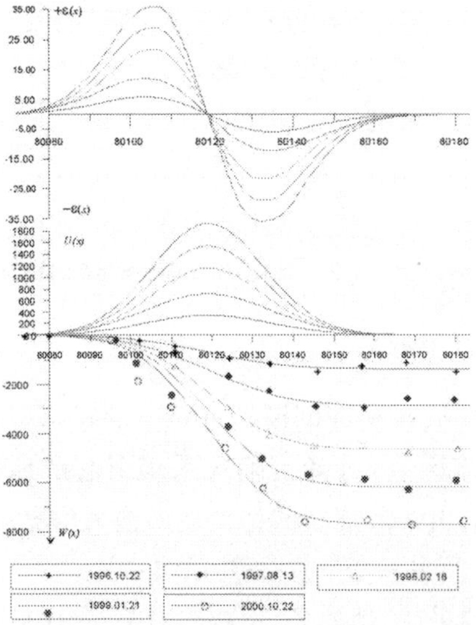

图4-3　C26工作面分层开采反演模拟走向观测线地表移动变形情况及其与实测结果对比图

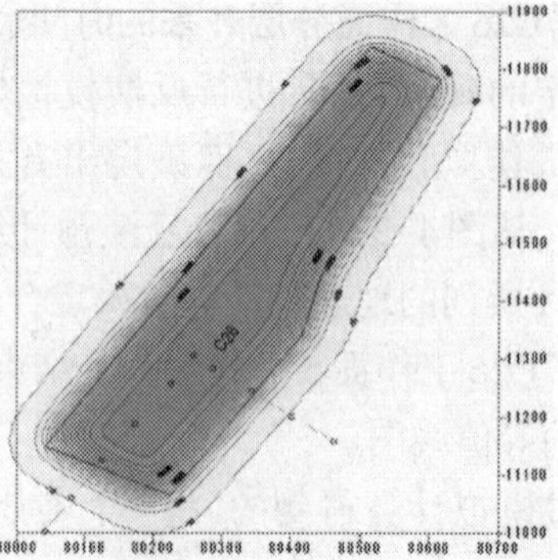

图4-4 C26工作面开采移动后地表下沉等值线图

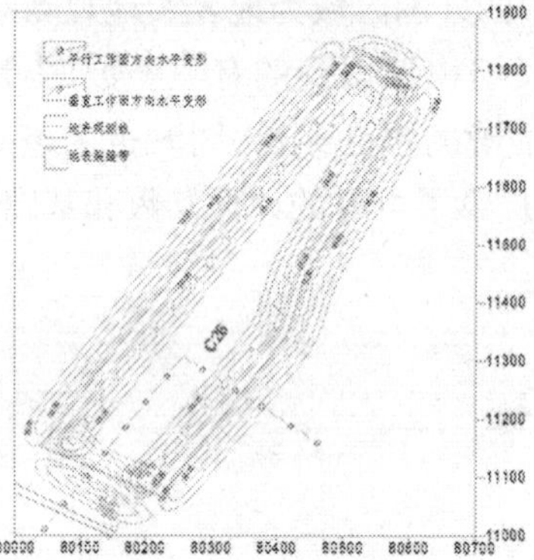

图4-5 平行、垂直C26工作面方向的等值线及其裂缝带分布图

4.6 数值模拟计算成果

应用预计模拟系统分别模拟计算灵武矿区灵新沉陷区、磁窑堡—羊场湾沉陷区、石沟驿沉陷区采煤引起的地表移动变形值。根据模拟结果给出各沉陷区的移动变形最大值见表4-2、典型下沉立体图(图4-6)及水平变形立体图(图4-7)。

根据不同的采矿、地质条件,模拟计算采用20~35m步距,点阵式分布计算预计点,分块段计算叠加完成。

表4-2　灵武矿区采煤沉陷区移动变形极值计算机数值模拟计算结果

采煤沉陷区	下沉	水平移动	倾斜	水平移动		曲率变形	
	W_{max}（mm）	U_{max}（mm）	I_{max}（mm/m）	e_{max}（m/m）	e_{min}（mm/m）	K_{max}（10^{-3}/m）	K_{min}（10^{-3}/m）
磁窑堡	8455	2112	215	56	−46.51	4.32	−4.12
灵新区	6133	1520	185	70.06	−66.43	4.81	−4.76
石沟驿	4455	1033	109	40.48	−41.22	4.15	−4.22

注：表内数据根据模拟计算全盆地移动变形叠加等值线确定。

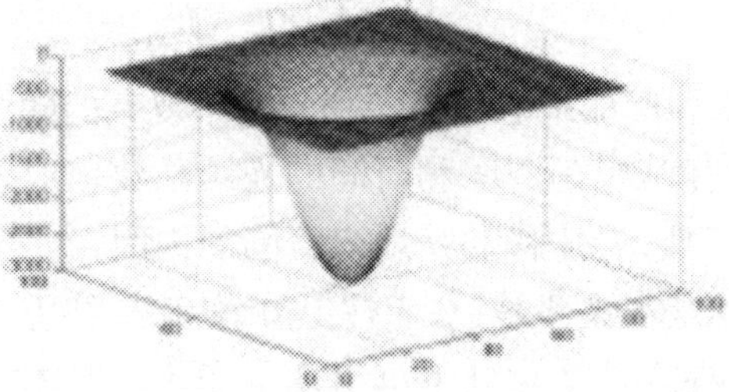

图4-6　典型下沉立体图

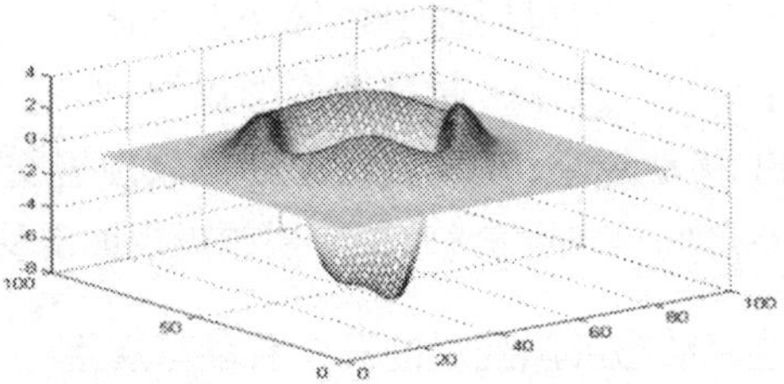

图4-7　水平变形立体图

第五章　宁东采煤沉陷的基本规律与特点

地下开采引起的地表沉陷变形是一个复杂的随时间和空间变化的四维空间问题，是空间和时间的连续函数。地表沉陷是岩体移动的外在表现，岩体移动是地表沉陷的内因[91]。宁东采区岩体内部竖向移动基本规律是：在矿柱上方，从矿层往上下沉总体是逐渐增大的，但在岩性变化处下沉出现了变化。岩体竖向变形基本规律是煤柱上方一定距离岩体的变形较小，从下往上岩体变形近于相等，采空区上方，从煤层往上拉伸变形总体上逐步减小，但在岩性变化处有变化。岩体横向移动变形规律：如地表水平移动较大，越往下水平移动越小，在煤层接触处或软硬岩交接处，如砂岩与泥岩等，存在层间接触面滑移，距矿层越近层面滑移量越大。

5.1　采煤区地表动态沉陷变形的三个阶段与规律

掌握地表沉陷变形的全过程，能够预计开采过程中回采工作面位于任一位置时，地表变形的分布规律、最大变形值及其出现的位置和时间，以便合理地布置开采工作面，并选择恰当的开采速度，控制地表变形值。通常把采动过程中的地表沉陷变形全过程划分为三个阶段：下沉量和下沉速度都比较小的初始下沉阶段，地表下沉速度≤1.67mm/d；下沉速度较大的活跃下沉阶段，地表下沉速度>1.67mm/d；下沉速度逐渐变小（直至下沉停止）的衰减下沉阶段，地表下沉速度≤1.67mm/d。在充分分析研究宁东采煤区地表沉陷下沉盆地发展变化的特点的基础上，将动态地表沉陷变形的全过程划分为下沉发展、充分下沉和下沉衰减三个阶段，来分析研究这三个阶段沉陷变形的发展变化规律[92][93][94]。

5.1.1　下沉发展阶段

（1）下沉盆地的形成

当回采工作面由开切眼开始推进到一定距离后，覆岩弯曲沉降波及地表，地表开始出现下沉，此时工作面的推进距称为地表开始下沉的启动距，一般为开采深度的0.2~0.5倍。随着工作面推进距离的继续增加，地表下沉盆地逐渐增大。不仅平面范围逐渐扩大，而且下沉量也逐渐增大；下沉盆地剖面曲线变陡，动态最大下沉值不断增大。当工作面推进到一定距离后，动态最大下沉值不再增加。此前称地表下沉发展阶段，此后动态下沉盆地出现平底，称动态充分下沉阶段（图5-2）。

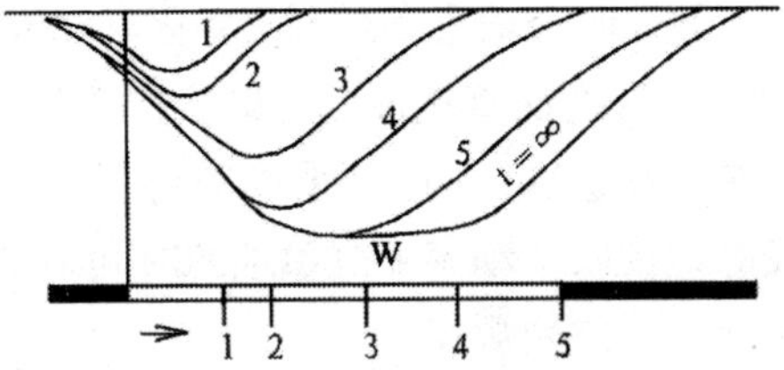

图5-1　地表沉陷盆地由小至大的发展变化过程

（2）下沉函数的一般表达式

影响动态地表下沉盆地上任一点的沉陷变形的因素很多，主要有：煤层采厚、采深；工作面走向长度与倾斜长度；煤层倾角；上覆岩层的性质；工作面推进速度；采煤方法及顶板管理方法等，同时也还决定于该点的位置。尽管如此，对于一个具体工作面在沿走向匀速推进时，除走向长度变化外，其他诸多影响因素可视为不变的常数。在此条件下，可以认为采动过程中动态地表下沉盆地任一点的沉陷变形值，只是随工作面沿走向的推进距离的变化而变化。若是坐标原点建在推进着的工作面上，表示地表点至推进工作面的水平距离；表示工作面的已推进距离；在达到动态充分下沉之前，走向主断面上的动态地表下沉量可用函数表达[92]。

$$W(x,\ l)=W_m^0(l)e^{-a(l)\left[\frac{x}{L(l)}\right]b(l)} \tag{5-1}$$

式中：

$W(x,\ l)$—动态主断面上推进距为 l，横坐标为 x 地表点的下沉值(mm)；

x—地表点至最大下沉点的距离(mm)；

l—开切眼至回采工作面的距离(m)；

$L(l)$—工作面正上方动态下沉盆地的半个长度(m)；

$W_m^o(l)$—推进距为时动态地表最大下沉值(mm)；

e—自然对数的底；

$a(l)$ 和 $b(l)$—动态曲线形态参数。

$W_m^0(l)$、L、a 和 b 四个动态参数随 l 变化。在未达到采动充分下沉时，是走向采动程度的直接尺度。既直接反映开采尺寸，给出了工作面的具体位置，又在匀速开采的条件下代表了时间因素。因此，推进距较好地反映了动态下沉盆地的时间与空间关系。

(3)地表倾斜变形发展规律

地表下沉盆地出现后，在走向主断面内，地表倾斜变形曲线上有两个最大值，一个位于开切眼上方，另一个位于开采工作面上方，倾斜变形零点位于采空区中央最大下沉点处。随着工作面的推进，下沉盆地继续增大，两个最大倾斜值也不断增加，工作面上方的最大倾斜值也随工作面向前移动。在达到充分下沉后，工作面上方最大值相对于工作面的位置固定，此时滞后工作面的一定距离值为动态拐点偏移距，最大值也趋于稳定(见图5-2)。

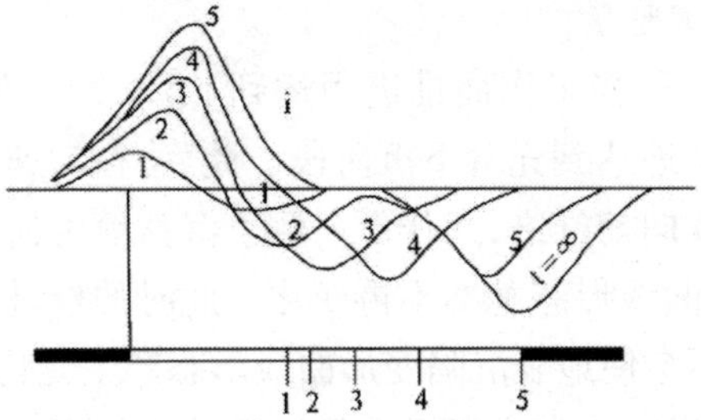

图5-2 动态倾斜变形变化过程

在正常条件下,动态最大倾斜值小于静态最大倾斜值,推进速度越大,动态最大倾斜值越小,反之越大。

(4)地表曲率变形发展规律

地表下沉盆地出现后,在走向主断面内,地表曲率变形曲线上有三个最大值。两个最大正曲率分别位于开切眼上方偏外和推进工作面上方偏外;一个最大负曲率位于采空区中央的上方,即最大下沉点处。随着开采工作面的向前推进,三个最大值都在不断增大,最大负曲率增加较快,直到最大负曲率达到极大值,接近2倍于最大正曲率值(此时的动态值)。此时,负曲率曲线由“U”字形逐渐变成“W”形(见图5-3)。出现两个最大负曲率值,当“W”形曲率曲线上的中心点逐渐减少接近0时,动态下沉盆地达到充分下沉。

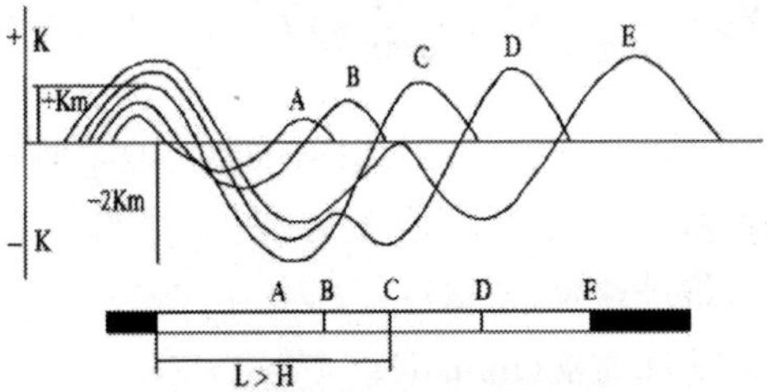

图5-3 动态曲率变形曲线变化过程

与稳定盆地上的变形规律一样,动态的水平移动变化规律与倾斜变形变化规律基本相似,动态的水平变形变化规律与曲率变形变化规律基本相似。

5.1.2　充分下沉阶段

一般条件下，当工作面推进距达到1.0~1.4^{H_0}（H_0，平均采深）时，动态下沉盆地达到充分下沉阶段。此后，在匀速等厚开采条件下，工作面继续向前推进，工作面一侧下沉盆地走向主断面上的动态移动和变形曲线形态基本不再变化。此时的推进距仅是决定工作面的位置，不会使地表沉陷变形曲线形态产生变化。图5-4是动态充分下沉阶段的走向主断面上推进着的工作面一侧的地表沉陷变形分布曲线。

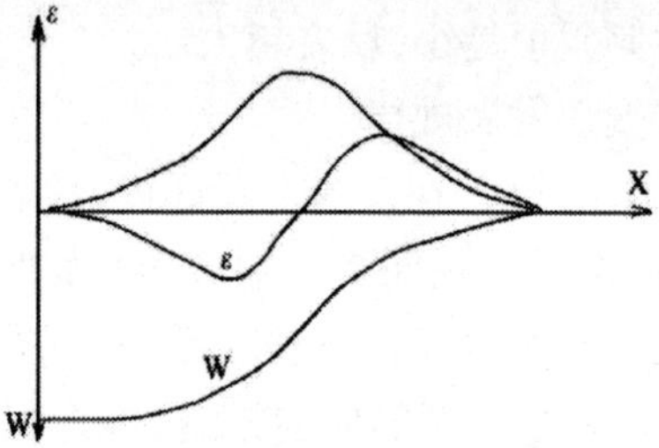

图5-4　充分下沉阶段的沉陷变形曲线

此阶段的下沉表达式为$W(x)$，是与推进距离（或时间）无变量关系的函数表达式。王金庄等学者曾在1985年研究了这一函数表达式。

$$W(x)=\frac{aV_{\max}}{c}\left[\operatorname{arctg}\frac{L_1+L}{a}-\operatorname{arctg}\frac{x+L}{a}\right] \tag{5-2}$$

式中：

a—形态参数；

c—工作面推进速度(m/d)；

$V_{\max}$—最大下沉速度(mm/d)；

L—最大下沉速度滞后距(m)；

L_1—下沉超前影响距(m)。

通过分析研究实测资料，得出动态充分下沉阶段走向主断面上的地表下沉速度分布曲线是不随工作面的继续推进而变化。最大下沉速度点滞后回采工作面一固定距离，并尾随工作面向前移动。最大下沉速度曲线的形态与此时的地表倾斜变形分布曲线形态基本相同，近似于正态分布。在求得走向主断面内地表任意点下沉速度计算公式后，下沉速度对时间积分，即可获得某段时间内的地表下沉量。也就有了地表下沉的计算函数式，随后求出倾斜、曲率、水平移动和水平变形函数表达式。

目前，综采放顶煤的高效开采得到广泛推广应用，煤层一次开采厚度大，工作面推进速度快，地表沉陷变形速度快，由此产生了地表变形速度这一新的概念。研究地表变形速度这一新概念和其变化规律，不仅理论上需要，而且也更有实用价值。

5.1.3　下沉衰减阶段

工作面停采后（采至开采边界的停采线），推进距离不再变化，下沉盆地向前移动（扩大）较小，最大下沉速度衰减很快（图5-5）。例如：灵新一观测站5月29日停采，5月31日观测到的最大下沉速度为24.7mm/d，而到6月10日地表最大沉速度已衰减到3.3mm/d。地表下沉盆地边缘仅稍向前移动。此阶段的地表下沉表达式应该是以某点的水平距离和时间为变量 t 的函数表达式 $W(x, t)$ 。当时间 t 变为足够大时，下沉曲线变为稳定状态时的下沉曲线。

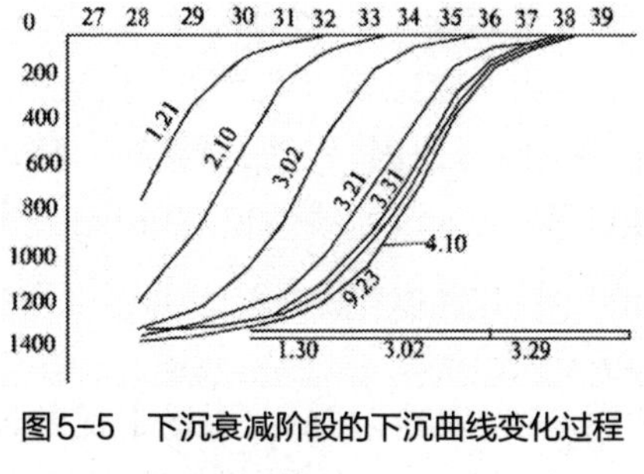

图5-5　下沉衰减阶段的下沉曲线变化过程

5.2　宁东采煤区地表沉陷的基本特点

通过分析和整理采煤区地质与采矿资料，并对采煤区内采煤沉陷进行实地考察和测量，以及对岩移观测数据的分析，与条件类似地区相似材料模拟结果的类比研究，总结出采煤区采煤引起的地表沉陷基本特点如下：

（1）灵武矿区属典型的浅埋煤层，砂、土、石混合类松散覆盖层，特厚煤层及煤层群开采，是复杂地质、采矿类型。当采深采厚比小于30时，在开采期间随工作面移动超前工作面地表5~8m出现地表破坏裂缝，裂缝间距4~12m，工作面推过后，裂缝逐渐闭合。开采结束后，沿采空区外侧出现较大的与采空区边缘平行的拉裂裂缝数条或形成塌陷坑，采动地表移动破坏十分严重（见图5-6）。

图5-6　宁东采煤引起塌陷坑实图

（2）采动地表沉陷盆地稳定后，沉陷盆地的最大下沉点基本位于盆地中心，且沿盆地走向主断面对称分布。在充分采动条件下且地表移动稳定后获得走向边界角 $\delta_0=56°$，松散层移动角 $\varphi=52°$，重复采动时由于裂缝破坏原因，移动边界缩小，移动角以内移动量增加。在倾斜主断面上，下沉曲线呈偏态分布，最大下沉点略偏向下山方向一侧，其最大下沉角=90-0.55。上山边界角为 $r_0=58°$，下山方向边界角为 $\beta_0=56°$。

（3）由于沙土松散层具有湿陷性，采动形成的地表裂缝破坏带遇雨水冲刷侵蚀会形成再次塌陷破坏或形成塌陷坑，裂缝带沉陷破坏具有再发性，持续时间较长。

（4）在煤层埋藏深度 $H<100m$，开采2号煤层的第4~5分层时，

在采空区外边缘形成的裂缝一般均与采空区贯通(图5-7),构成向开采工作面涌水溃沙的通道。

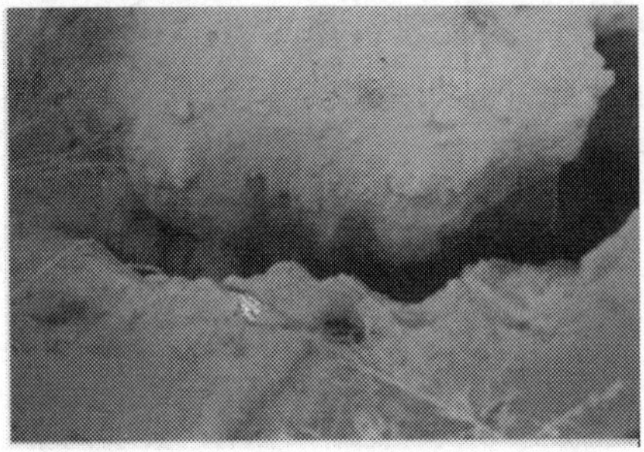

图5-7　磁窑堡矿一贯通采空区的大裂缝

(5)地表移动剧烈,移动时间短。模拟计算及地表观测表明,采动地表最大下沉速度达到40mm/d左右。

5.3　宁东采煤区沉陷的特殊性

灵武矿区地质、采矿和经济技术条件等方面的特点决定了采煤区采煤沉陷有诸多的特殊性[95]:

(1)煤层层数多,多煤层开采方式,导致煤层重复开采,因而对地表的扰动持续不断。有些浅部煤层开采时形成的沉陷区稳定以后,由于下部煤层的开采,又会使其再度“活化”。

(2)煤层埋藏较浅,开采深度从30~200m不等,大多属浅埋煤层,因而对地表的破坏迅速而剧烈,多表现为不连续变形,形成许多由开采裂缝围限的塌陷盆地。

(3)煤系上覆岩层多为强烈风化剥蚀后残留下来的中侏罗统地层,该地层风化后强度很低,疏松易碎,在开采煤层时,上覆岩层中很难形成结构,因而,顶板垮落后,采煤沉陷会很快影响到地表。

(4)采煤区属于半沙漠丘陵地带,风沙活动频繁而剧烈,因而可将开采裂缝迅速掩埋,形成隐患。

(5)采煤区内煤炭开采历史悠久,有许多形成于各个不同时期的老空区,它们是导致区内突然塌陷的隐患。

(6)采煤区地处我国西部少数民族聚居而经济相对落后的地区,虽然人口密度小,受灾建筑物的面积不是很大,但建筑物相对简陋,抗变形强度低,所以,采煤沉陷对居民住宅和其他建筑物的破坏显得特别突出,对居民生活的影响也更为严重。

第六章　宁东采煤地质灾害状况与损害程度风险评价

6.1　宁东采煤沉陷状况

根据采煤区采煤沉陷计算结果，整个采煤区采煤引起的地表沉陷可分为三个区，由北向南分别为：灵新沉陷区、磁窑堡—羊场湾沉陷区、石沟驿沉陷区。采煤沉陷面积总计为15.52km^2，其中灵新沉陷区面积3.75km^2，磁窑堡—羊场湾沉陷区面积6.96km^2，石沟驿沉陷区面积4.81km^2，见表6-1[49]。

表6-1　采煤区采煤沉陷概况统计表

采煤区	沉陷区	开采矿井	开采年限	累计采煤（万t）	开采面积（万m^2）	沉陷面积（km^2）	处于沉陷区的居民区
磁窑堡	灵新	灵新	12	540.3	146	3.75	灵新二号井
	磁窑堡—羊场湾	磁窑堡	数百年	1430.43	399.95	6.96	磁窑堡矿生活区
		羊场湾一矿	9	256	75.42		永利村部分民宅
	小计			1970.73	621.37	10.71	
石沟驿	石沟驿	石沟驿	近百年	1072.14	376.2（1煤）	4.81	石沟驿矿生活区
总计				3059.23	997.57	15.52	

全区采煤3059.23万t，开采面积997.57万m^2，采煤沉陷区面积15.52km^2。平均计算，每采万t煤的开采面积为0.33万m^2，每采万t煤引起地表沉陷面积为0.5万m^2。

6.2 地表沉陷等灾害对矿区损害程度分析

为了便于对采煤区采煤沉陷情况进行研究评估以及便于今后对采煤沉陷区治理规划设计和工程施工，将采煤区分为灵新、磁窑堡—羊场湾和石沟驿3个沉陷区分别进行分析其损害程度。

(1)灵新沉陷区

灵新沉陷区是灵新煤矿各采区历年来地下煤炭开采所引起的地表沉陷范围（见图6-1）。开采区面积146万m^2，采煤沉陷面积3.75km^2，地表最大下沉值达6133mm，最大水平移动值1520mm，最大倾斜值185mm/m，最大水平变形为70.06mm/m和-66.43mm/m，最大曲率为4.81×10^{-3}/m和-4.76×10^{-3}/m。该沉陷区的下沉随煤层采出厚度的增加而增加。一、三采区连续开采14、15和16号煤层，地下煤炭开采对地表的扰动持续不断。

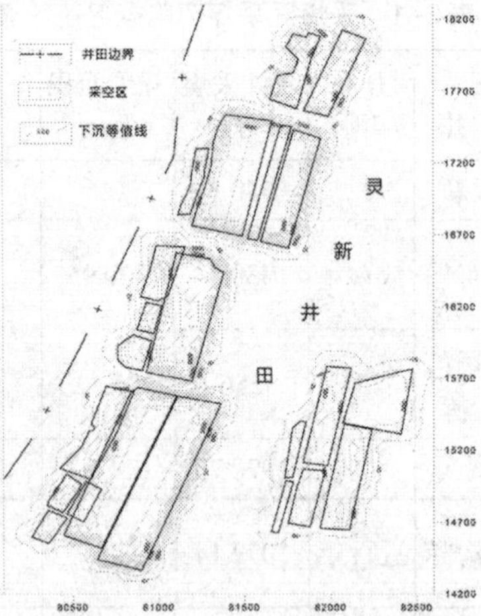

图6-1 灵新区采煤沉陷分布及沉陷等值线图

受该沉陷区影响，采区地面建筑和各类设施均受到不同程度的破坏，一采区地面居民已经全部搬迁。二采区开采2号煤，采动面积不大，基本无居民点，采煤对地表的破坏主要表现为地表开裂和塌陷。

(2)磁窑堡—羊场湾沉陷区

磁窑堡—羊场湾沉陷区是磁窑堡煤矿和羊场湾一矿各采区历年来开采所引起的地表沉陷范围（见图6-2）。开采区面积475.37万m^2，采煤沉陷面积6.96km^2，地表最大下沉值达8455mm，最大水平移动值2112mm，最大倾斜值215mm/m，最大水平变形为56mm/m和−46.51mm/m，最大曲率为4.32×10^{-3}/m和-4.12×10^{-3}/m。该沉陷区的两个煤矿主要开采2号煤和6号煤。其中2号煤厚度大，埋藏浅，分层开采，累计开采厚度最大可达10m以上，因此对地表的破坏十分严重。地表下沉量随煤层采出厚度的增加而增加，而且地下煤炭开采对地表的扰动持续不断。此外，在该沉陷区北部有大量历史时期浅部煤层开采形成的老窑，可能成为地表突然塌陷的隐患。

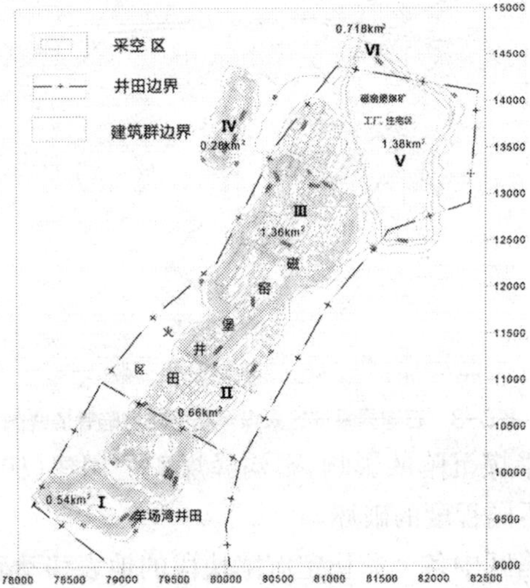

图6-2　磁窑堡采煤区磁窑堡—羊场湾分区采煤沉陷分布及沉陷等值线图

受该区采煤沉陷的影响，磁窑堡镇及磁窑堡煤矿的公用和民用建(构)筑物以及永利村部分民宅受到不同程度的破坏。

(3)石沟驿沉陷区

石沟驿沉陷区是石沟驿煤矿各采区历年来开采所引起的地表沉陷范围(见图6-3)。开采区面积376.2万m^2，采煤沉陷面积4.81km^2，地表最大下沉值达4455mm，最大水平移动值1033mm，最大倾斜值109mm/m，最大水平变形为40.48mm/m和-41.22mm/m，最大曲率为4.15×10^{-3}/m和-4.22×10^{-3}/m。石沟驿煤矿主要开采1号煤和6号煤，煤层埋藏浅，因而开采对地表的破坏十分严重。此外，在该沉陷区内也有近百年来煤层开采形成的老窑，可能成为地表突然塌陷的隐患。

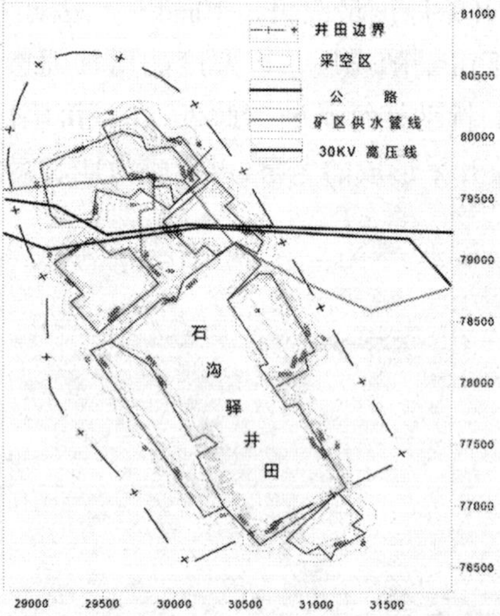

图6-3　石沟驿采煤区采煤沉陷分布沉陷等值线图

受该区采煤沉陷的影响，石沟驿煤矿公用建(构)筑物及职工生活区受到不同程度的破坏。

三个沉陷区中各个非稳定沉陷块段的地表移动破坏特征值见表6-2。

表6-2 采煤沉陷采煤区移动变形最大值的计算结果

沉陷区	块段号	下沉	水平移动	倾斜	水平变形		曲率变形	
		W_{max} (mm)	U_{max} (mm)	I_{max} (mm/m)	e_{max} (mm/m)	e_{min} (mm/m)	K_{max} (10^{-3}/m)	K_{min} (10^{-3}/m)
磁窑堡—羊场湾	Ⅰ	7253	1922	215	34.45	−35.22	2.29	−2.66
	Ⅱ	2866	756	71	27.12	−27.10	2.73	−2.44
	Ⅲ	6371	1588	96	36.68	−36.44	2.22	−2.22
	Ⅳ	5514	1387	137	47.62	−42.11	4.32	−4.12
	Ⅴ	1344	340	19.76	7.74	−7.28	0.41	−0.43
灵新	Ⅰ	6133	1520	185	70.06	−66.43	4.81	−4.76
	Ⅱ	6028	1486	109	41.64	−40.09	3.02	−2.91
	Ⅲ	5460	1366	91	34.58	−33.22	2.30	−2.22
	Ⅳ	4355	1100	103	39.4	−36.1	3.75	−3.21
	Ⅴ	2390	588	74	23.38	−21.98	3.54	−3.52
石沟驿	Ⅰ	1945	480	46.3	17.59	−17.23	1.68	−1.42
	Ⅱ	4155	1033	109	40.48	−41.22	4.15	−4.22
	Ⅲ	3442	862	83	31.90	−29.86	3.11	−3.02

注:表内数据根据模拟计算全盆地移动变形叠加等值线确定。

尽管如灵武矿区采动引起的地表动态移动变形要小一些,然而灵武矿区煤层埋藏浅,要经历厚煤层分层开采和不同煤层的复采过程,所以多次的地表沉陷和移动变形破坏,加剧了地面建筑物的损坏程度,一般均达到四级破坏程度以上。如灵新矿一采区地面建筑物在开采第二分层后,搬迁后遗留下的建筑物已被完全破坏,地面公路也遭受严重破坏,进行了多次维修或重建。采动过程中形成的破坏裂缝,虽然工作面推过以后闭合,但是这种闭合裂缝在松散土层中构成了长期的工程隐患,在雨季雨水的侵蚀作用下会形成大面积冲刷水土流失,破坏耕地和植被。采煤引起的地质灾害的破坏力影响久远。

6.3 采煤引起的地质灾害评价研究

6.3.1 采煤引起的地质灾害评价方法

近几十年来,伴随自然灾害风险评价的发展,采煤地质灾害评价也蓬勃兴起,但迄今在理论上和实践上尚不完全成熟。目前进行采煤引起的地质灾害评价方法很多,除传统的成因机理分析和统计分析方法外,主要还有危险性评价、易损性评价、破坏损失评价、防治工程效益评价等方法(见表6-3),这些方法可以互为补充和互相结合使用,视评价的目的不同而进行选择[96]。

表6-3 采煤引起的地质灾害的主要评价方法、内容及目的

评价方法	评价内容	评价目的
成因机理分析评价	采煤引起的地质灾害形成条件、活动状况和活动规律,灾害发生的充分必要条件,以及地质灾害潜在形成条件,建立地质灾害活动的模型或模式	定性地评价地质灾害发生的可能性和可能活动规模
统计分析评价	采煤地质灾害的形成条件、活动状况和活动规律,统计地质灾害的活动规模、频次、密度以及地质灾害的主要影响因素,建立地质灾害活动的数学模型或周期性规律	用模型法或规律外延法评价地质灾害危险区的范围、规模或发生时间
危险性评价	①地质灾害历史活动程度:包括历史灾害活动的规模、频次、密度;②地质灾害未来发展条件:包括地质条件、地形地貌条件、气候条件、水文条件、植被条件、人为活动	评价地质灾害历史活动和未来地质灾害发生概率,评价地质灾害危险性程度
易损性评价	地质灾害受灾体的承灾能力:①受灾体构成及其承灾敏度:包括人口分布、城镇与企业分布、房屋等工程建筑分布、农作物及其他植物分布、土地类型及分布、各类资源分布;②评价区的减灾能力:包括经济发展水平、减灾措施等	评价受灾体遭受采煤引起的地质灾害破坏的可能性及造成损失的难易程度

续表

评价方法	评价内容	评价目的
破坏损失评价	在地质灾害危险性评价和易损性评价的基础上，综合地质灾害活动概率、破坏范围、危害强度和受灾体损失等内容，评价地质灾害所造成的人口生命、经济以及资源环境的破坏损失程度	评价地质灾害的历史破坏损失程度和期望损失程度
防治工程效益评价	对已经选定的防治措施进行效果评价，同时还要进行经济评价和技术可行性评价；对有多种防治预案的项目进行优化分析，使防治方案经济合理，技术可行，效益最佳	评价地质灾害防治措施的效果与经济合理性和科学性

20世纪70年代以前，我国对采煤引起的地质灾害研究仅局限于对灾害分布、形成机理、趋势预测等方面的研究，且基本上依附于水文地质、工程地质勘查和研究工作。70年代以后，研究开始突破传统的研究模式，研究理论不断提高，研究内容不断丰富。采煤引起的灾害评价的方法也由传统的成因机理分析和统计分析发展为同社会经济条件相结合的多种评价方法，评价过程也由定性评价转化为半定量评价或定量评价。采煤地质灾害的评价方法逐渐形成了比较完整和规范的评价体系，评价的内容也日趋丰富和合理，地质灾害评价的科学性也日益增强。以地理信息系统等空间技术为支撑的灾害评价的应用日益广泛，在许多方面发挥了重要作用，特别是在采煤地质灾害风险管理和减灾管理中也发挥了巨大的作用。

6.3.2　采煤引起的地质灾害风险评价体系

采煤引起的地质灾害风险评价的目的是要清晰地反映评价区地质灾害总体风险水平与地区差异，为指导煤炭资源开发、保护采区环境、规划与实施地质灾害防治工程提供科学依据。故将采煤引起的地质灾害风险评价划分3方面内容[97]。

(1)危险性分析

通过对历年来采煤引起的地质灾害活动程度以及对地质灾害

各种活动条件的综合分析，评价地质灾害活动的危险程度，确定地质灾害活动的密度、强度（规模）、发生概率（发展速率）以及可能造成的危害区的位置、范围。

（2）易损性分析

通过对评价区内各类受灾体数量、价值和对不同种类、不同强度地质灾害的抗御能力进行综合分析，以及防治措施、减灾能力分析，综合两方面因素，评价承灾区易损性，确定可能遭受地质灾害危害的人口、工程、财产以及国土资源的数量（或密度）及其破坏损失率。

（3）期望损失分析

在危险性分析和易损性分析的基础上，计算被评价地质灾害的期望损失（未来一定时期内地质灾害可能造成的构筑物破坏与经济损失的平均值、资源环境破坏程度）与损失极值（未来一定时期内可能造成的构筑物破坏与经济损失的最高值）。

在上述三方面分析中，危险性分析和易损性分析是地质灾害风险评价的基础，通过这两方面的分析，确定风险区位置、范围以及地质灾害活动的分布密度与时间概率，进而确定可能遭受地质灾害的人口、工程、财产以及资源、环境的空间分布与破坏损失率；期望损失分析是地质灾害风险评价的核心，其目标是预测地质灾害可能造成的构筑物破坏、经济损失以及资源、环境的破坏损失程度，综合反映地质灾害的风险水平。这三方面分析相互联系，形成具有层次特点的地质灾害风险评价系统图（图6-4）。

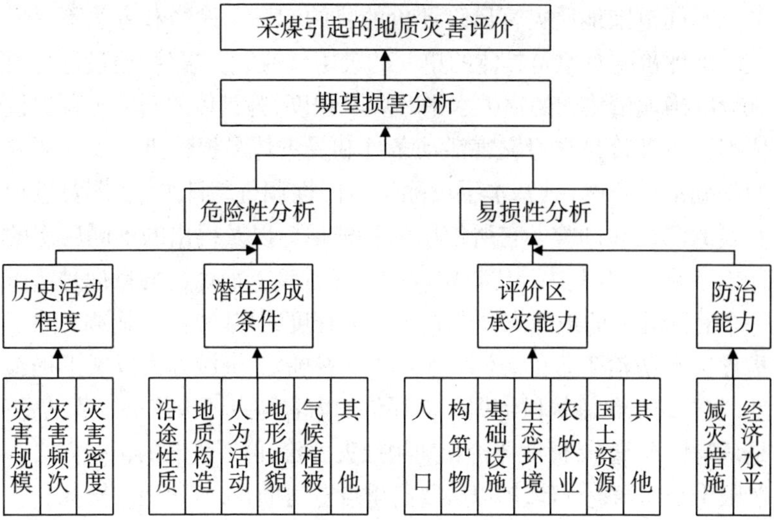

图6-4　地质灾害风险评价系统图

6.3.3　采煤引起的地质灾害风险评价类型

针对不同目的或服务对象，可进行不同类型的地质灾害风险评价。根据地质灾害风险评价范围或面积，可将地质灾害风险评价分为点评价、面评价、区域评价[98]。

点评价是指对一个地质灾害体或一个具有相同活动条件和特征的相对独立的灾害群的灾情或风险程度进行的评价。点评价的范围一般不超过几十平方公里，行政区范围一般不超过几个乡（镇）。

面评价是对一个具有相对统一特征的自然区域或社会经济区域（如一个小流域或一个城市）进行的地质灾害风险评价，评价区面积一般从几十平方公里到几千平方公里，行政范围一般为一个县（市）。由于进行面评价的地区都是地质灾害危害比较严重的地区，所以地质灾害一般有几十处或几百处，常常进行综合评价。

区域评价是指跨流域、跨地区的大面积的地质灾害风险评价，评价范围为一省或几省，面积达几万到几百万平方公里，评价区内灾害点成千上万。

不同范围地质灾害风险评价的目的、基础、途径和方法不尽一致。点评价的对象是具体的单一的灾害体或灾害事件，通过评价要比较准确地量化它的损失水平和风险程度，为具体的防治工程提供依据。点评价是在对灾害活动条件和受灾体易损性进行深入研究的基础上进行的，其基本手段除了专门性调查统计外，还需要进行必要的测试和试验。它所使用的各种指标以及得出的不同层次的评价结果，基本上达到比较精确的量化程度。面评价的目标是认识一个有限地区的地质灾害的破坏损失程度或风险水平，其意义除了指导灾害防治工程外，还将为地区发展规划、资源开发以及工程选址、实施防治措施提供依据。面评价的内容与点评价基本一致，仍然是危险性评价、易损性评价和期望损失评价，但所采取的调查方法一般限于全面调查统计，辅以必要的重点专门勘查，所使用的指标和各层次的评价结果虽然达到量化程度，但精度要低于点评价。区域评价的目标是对大面积区域性地质灾害的破坏损失或风险程度进行评价，它的意义是为宏观减灾决策和区域经济规划提供依据。区域评价仍以危险性评价、易损性评价和期望损失评价为中心内容，采取的基本方法是区域性调查和相应的统计分析，所使用的指标和各层次的评价结果一般达到相对的量化程度，所取得的评价结果主要体现在风险区划上。地质灾害风险评价的指标体系见表6-5。

表6-5　地质灾害风险评价的指标体系

<table>
<tr><th colspan="2">分层</th><th>基础层指标</th><th>分析层指标</th><th>目的层指标</th></tr>
<tr><td rowspan="2">危险性</td><td>历史灾害</td><td>密度、规模、频次</td><td rowspan="2">地质灾害活动强度、活动概率</td><td rowspan="2">地质灾害危害面积</td></tr>
<tr><td>形成条件</td><td>煤炭开采方式，采区地质情况与地质构造，历史最高震级、地震烈度，相对高差，采区年降水量，林草覆盖率、植被覆盖率，耕地面积，弃土弃渣体积，地下水位变幅等</td></tr>
</table>

续表

分层		基础层指标	分析层指标	目的层指标
易损性	人口	人口密度、人口增长率、易灾人口比率	受灾人口密度	地质灾害对象
	财产与经济	房屋、铁路、公路、电力电信设施、构筑物等的数量、价值,农作物、农产品数量、价值,设备、材料、物资等数量、价值,产业产值、增长率	直接危害的财产价值密度、间接危害的财产价值与产值密度	
	资源与环境	土地数量、价值,其他矿产资源、水资源、生物资源数量、价值	受危害的资源、环境价值	
	防治能力	监测覆盖范围,防治工程种类、数量与效能;群测群防效能,抢险救灾效能,生物防治与环境治理效能	受危害人口、财产、产业及资源、环境的减灾数量与程度	防灾有效度
期望损失		各种受灾体的单项损失:主要包括人口、经济与财产、其他资源与生态环境等	分类损失:构筑物破坏、经济损失、环境破坏	综合损失及破坏损失等级

6.3.4 采煤地质灾害风险评价实施过程

(1)根据风险评价的目的和评价区具体条件,构建采煤地质灾害风险评价系统,建立指标体系和评价模型,确定风险分区原则和评价方法。

(2)全面调查各项基础数据,并根据风险评价需要进行统计分析,编制包括历史地质灾害分布图、易灾性岩土分布图、地质构造图、地貌图、降水量与暴雨强度图、人口密度图、交通设施分布图、土地类型图、防治工程图等各种基础图件及地质灾害风险评价表。

(3)根据危险性构成、易损性构成及防治能力,进行危险性分析、易损性分析,在此基础上,进行期望损失分析。

(4)综合采煤地质灾害可能造成的构筑物破坏、经济损失以及资源环境破坏作用，进行综合风险评价，并分析评价区风险分布特点与形成条件，根据社会发展需要提出减灾对策建议。

地质灾害风险评价的关键指标是期望损失；期望损失程度主要取决于风险区范围及其危险性程度，风险区内各种受灾体数量、价值及破坏损失率，防治措施的减灾有效度。可以应用下述模型计算采煤引起的地质灾害期望损失值[98]：

$$D(s)=\sum_{D_{wi}}\sum_{D_{yn}}M(D_{wi},\ D_{yn})\cdot L(D_{yn},\ D_{wi})\cdot(1-D_r) \tag{6-1}$$

式中：

$D(s)$—地质灾害期望损失（构筑物或财产等损失）数量；

D_{wi}—地质灾害的危险性等级；

D_{yn}—地质灾害的受灾体类型；

$M(D_{wi},\ D_{yn})$—不同危险区内人口数量或不同种类受灾财产价值；

$L(D_{yn},\ D_{wi})$—不同危险区内人口平均死亡率或不同种类财产损失率；

D_r—地质灾害减灾有效度。

为了便于不同区域和不同时间之间对比，可采用期望损失率反映期望损失程度（%）；其值等于期望损失值 $D(s)_j$ 与评价区同类受灾对象（构筑物、财产等）总量 $D(z)$ 的比率。即：

$$D(s)_l=\frac{D(s)_j}{D(z)} \tag{6-2}$$

如何确定风险评价各项要素不仅十分重要而且特别复杂。其复杂性主要表现在每项要素都包含着众多因子，而这些因子常常隶属于不同的方面，而且在评价系统中属于不同的层次。为了进行量化与可比，首先需要对各项评价要素进行定量化标识和归一化处理，实现要素的量化可比。例如：在危险性分析中，将影响采煤地质灾害活动的各方面条件中的主要因素首先进行定量化标识—开采方式方法，地质条件选取活动性构造密度、地质条件，地貌条件中选取相对高差、沟谷发育密度，气候条件中选取年平均降水量、暴雨强度……在此基础上，依据它们对地质灾害活动的作用方式和影响程度，划分影响程度等级和相应的标度，从而纳入危险性评价模型，实现危险性分析。在易损性分析中，面对种类繁多的受灾体，首先进行分类，然后根据各类受灾体的数量、单位价值以及折旧等因素，转化为风险区受灾财产总价值，同时考虑各种工程防治和非工程防治的防治能力，进而应用易损性分析评价模型实现易损性分析。

地质灾害风险评价是对一个复杂系统的定量化分析过程，所采用的方法属于多层次分级聚类分析。其数学模型主要包括模糊聚类综合评价、灰色聚类综合评价、物元模型综合评价以及积分值法、W 值法、多因素信息模型法等。整个系统分析则常采用层次分析法。

采煤地质灾害风险评价煤炭开采过程中具有重要的作用，可以为后续资源规划，重大工程选址以及灾害治理、监测、预报及制定救灾应急措施和保护环境提供科学依据。

第七章 采煤区未来地表沉陷趋势预测

为了便于采煤区采煤沉陷等灾害的治理规划和工程实施，保证地面建设的长期稳定性，预测采煤区未来地表沉陷趋势非常必要。对地表进行稳定性采煤不外乎从空间范围和停采距今时间长短两方面入手[99]。前者是通过具体区域的地表移动边界角和采煤沉陷预计结果，以地表下沉10mm为限，综合确定开采影响范围；而后者则是依据地表移动持续总时间来判断地表是否稳定。

7.1 采煤区采煤沉陷稳定性分区的原则

根据目前我国采用的标准，连续6个月内地表各观测点的累计下沉值均小于30mm时，则认为地表已达到稳定状态[100]。观测表明，影响地表移动周期的因素主要有覆岩结构及其物理力学性质、采深、工作面推进速度及采动性质等。实际工作中常以地表最大下沉点在垂直方向上随时间的移动轨迹及其特征曲线，并结合经典地表移动稳定标志的划分来描述和确定之。

（1）根据灵武矿区采煤沉陷采煤区的地质、采矿特点和地表移动（采煤沉陷）规律，确定单一工作面长壁全陷法采煤时地表移动周期与煤层的开采深度之间的关系如下：

当开采深度小于100m时，地表移动持续时间为0.5~1a；

当开采深度为100~200m时，地表移动持续时间为1~2a；

当开采深度大于200m时，地表移动持续时间为2~3a。

根据上述准则可判定开采区域是否属于未稳定采煤沉陷区。

(2)深部开采可使上部的老采区受重复采动影响而“活化”,由稳定沉陷区转化为重复采动非稳定采煤沉陷区。

(3)房柱式或其他土法开采煤层时,由于井下留有一定的支撑煤柱,地表下沉和采动影响较小。但随着开采范围的扩大或煤柱的继续回采,煤柱产生失稳破坏,导致新的地表沉陷。然而由于开采年代久远或风沙掩埋,小窑踪迹无从寻觅,这类潜在的非稳定采煤沉陷区位置难以准确确定。为了工程建设安全起见,将小窑分布区都划归小(古)窑非稳定采煤沉陷区,在这类地区实施工程建设项目之前,应通过现代地球物理探测手段进行勘察,以避免地面塌陷事故的发生。

(4)报废停产的矿井若已无煤开采,且停产至今已超过地表移动周期,则属于稳定沉陷区。若虽已报废停产,但仍有开采活动,则认为其属于重复采动非稳定采煤沉陷区。例如,石沟驿煤矿开采范围内的跃进井,1958年投产,1972年报废停产,1992年开始,石沟驿煤矿又开始对跃进井老采区进行残复采,该复采区域就应划入非稳定沉陷区。

7.2 采煤区未来沉陷趋势的分析

为了预测采煤区未来地表沉陷的趋势,为采煤沉陷区的治理设计和工程施工提供依据,根据上述原则对采煤区采煤沉陷区进行了稳定性分析和预计,确定了非稳定采煤沉陷区的具体位置。

7.2.1 小(古)窑采空区稳定性分析

小(古)窑采空区是地表突然塌陷的潜在不稳定因素。在历史时期浅部煤层开采过程中,往往采用房柱式或其他土法开采方式,由于井下留有一定的支撑煤柱,地表下沉和采动影响不太显著。但随着开采范围的扩大,对小窑老空区扰动及空区内积水的疏干,或因小窑煤柱风化、燃烧,煤柱产生失稳破坏,都极易导致突发性和随机性的地表塌陷。

从磁窑堡井田原精查报告中得知，该井田内小窑密布，有记载的小窑共有512个，主要分布在井田北部（现灵新矿开采范围内）和中西部（现磁窑堡煤矿开采范围内）表土掩盖的煤层露头区，并以北部最为集中。北部主要开采下组煤的14、15、16号煤层，中西部主要开采上组煤的2号和6号煤层。开采方式一般是沿煤层露头下掘斜井，极少数1949年前后开采的小窑为小型立井。由于受开采技术条件限制，开采深度一般在40m左右，最大深度不超过80m，沿走向长度大者达百米左右。

根据石沟驿井田勘探资料，1964年在区内实测小窑380个，集中分布于1号煤层露头附近。据调查，本区内煤炭开采始于明、清年间，均用立井开采，因无排水设备，水稍大即停。井深最大近80m，巷道长度可达200m，采空区几乎连成一片。

小窑开采始于明清，迄今已达数百年之久，绝大多数已被风沙掩埋，踪迹难辨。这些采空区有些已经在地表形成沉陷区，但可能还会有少部分以老空区的形式残留地下，成为采煤区浅部煤层露头附近突然出现塌陷坑的隐患。石沟驿老窑内均有积水，井筒积水水柱最深者可达25m以上，这不仅是造成地面不稳定的因素，而且对生产矿井的安全生产构成潜在的威胁。

7.2.2 受重复采动影响仍在活动的沉陷区

磁窑堡煤矿对2号煤实施分层开采；灵新煤矿在下组煤开采过程中，依次开采14、15、16号诸煤层；石沟驿煤矿的前身是跃进井，1958年投产，1972年被新井接替，1992年石沟驿煤矿又开始对跃进井老采区进行残复采。这样多层（期）次的开采，就使上部原已稳定的采煤沉陷区受重复采动影响而“活化”，处于该开采范围内的地表沉陷区仍在继续活动，处于不稳定状态。

7.2.3 非稳定沉陷区位置确定

根据上述采煤沉陷稳定性采煤原则，确认采煤区近2~3年内开采的区域仍对地表产生影响，其上方地表沉陷仍然要持续一段时间。经综合分析确定出采煤区内非稳定沉陷区的位置和面积如下（表7-1）。

表7-1　非稳定采煤沉陷区一览表

位置		非稳定采煤沉陷区面积（km^2）					
采区	采煤沉陷区	未稳定区		重复采动区		小（古）窑区	
		编号	面积	编号	面积	编号	面积
磁窑堡	灵新	Ⅴ（二井田）	0.29	Ⅰ	0.79		
				Ⅱ	0.34		
				Ⅲ	0.46		
				Ⅳ	0.16		
	磁窑堡—羊场湾	Ⅰ	0.54	Ⅴ	1.38	Ⅵ	0.718
		Ⅱ	0.66				
		Ⅲ	1.36				
		Ⅳ	0.28				
石沟驿	石沟驿	Ⅰ	0.49			Ⅳ	0.86
		Ⅱ	0.38			Ⅴ	1.12
		Ⅲ	0.33			Ⅵ	0.59
各类非稳定沉陷区面积（km^2）			4.33		3.13		3.288
采煤区非稳定沉陷区面积总和			10.748km^2				

磁窑堡采煤区灵新沉陷区现有5个非稳定沉陷区。其中重复采动非稳定采煤沉陷区4个，它们均位于一、三采区，自南向北依次编号为：Ⅰ号、Ⅱ号、Ⅲ号、Ⅳ号，它们的面积分别为0.79km^2、0.34km^2、0.46km^2、0.16km^2，未稳定采煤沉陷区的总面积为1.75km^2。未稳定采煤沉陷区1个（Ⅴ号），位于二采区，其面积为0.29km^2。各种非稳定采煤沉陷区的总面积为2.04km^2，它们的具体位置详见图7-1。

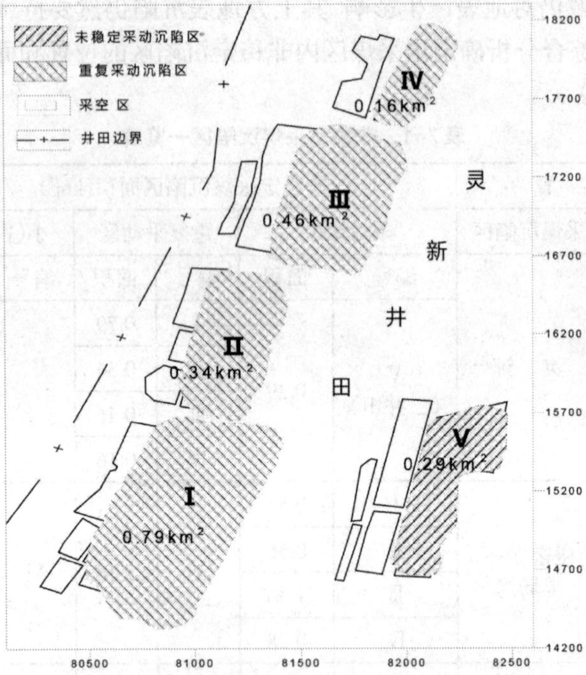

图7-1　磁窑堡采煤区灵新非稳定沉陷区分布图

磁窑堡采煤区磁窑堡—羊场湾沉陷区现有6个非稳定采煤沉陷区，其中未稳定采煤沉陷区4个，重复采动非稳定采煤沉陷区1个，小(古)窑非稳定采煤沉陷区1个。未稳定采煤沉陷区分别是：羊场湾一矿南部未稳定采煤沉陷区（Ⅰ号）、磁窑堡—羊场湾未稳定采煤沉陷区（Ⅱ号）、磁窑堡北部未稳定采煤沉陷区（Ⅲ号）、浅五井未稳定采煤沉陷区（Ⅳ号），它们的面积分别为：$0.54km^2$、$0.66km^2$、$1.36km^2$、$0.28km^2$，合计$2.84km^2$。重复采动非稳定采煤沉陷区正处在磁窑堡煤矿工业广场和生活区（Ⅴ号），面积$1.38km^2$。小(古)窑非稳定采煤沉陷区在上述重复采动非稳定采煤沉陷区西侧（Ⅵ号），面积为$0.718km^2$。各类非稳定采煤沉陷区的总面积为$4.94km^2$，它们的具体位置详见图7-2。

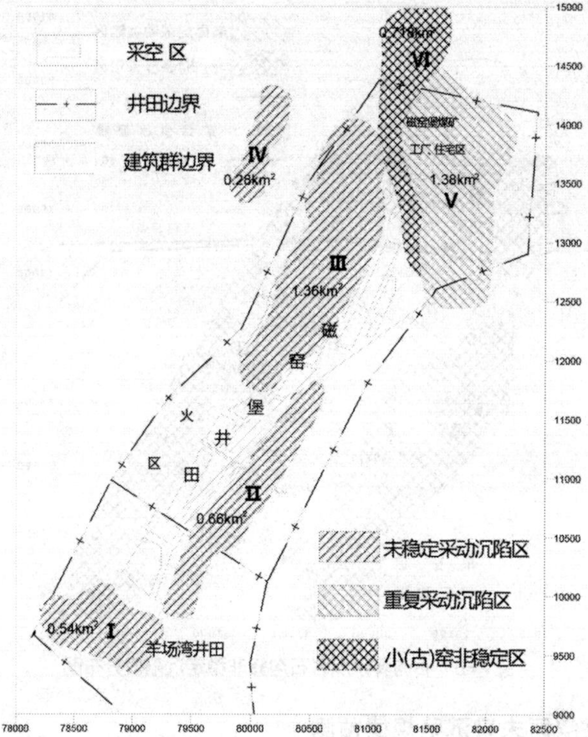

图7-2　磁窑堡采煤区磁窑堡—羊场湾非稳定沉陷区分布图

石沟驿采煤区现有6个非稳定沉陷区，其中未稳定采煤沉陷区和小(古)窑非稳定采煤沉陷区各有3个。Ⅰ号、Ⅱ号、Ⅲ号未稳定采煤沉陷区(图7-3)的面积分别为：0.49km²、0.38km²、0.33km²，合计1.2km²。Ⅳ号、Ⅴ号、Ⅵ号小(古)窑非稳定采煤沉陷区的面积分别为：0.86km²、1.12km²、0.59km²，合计2.57km²。各类非稳定采煤沉陷区的总面积为3.77km²，它们的具体位置详见图7-3。

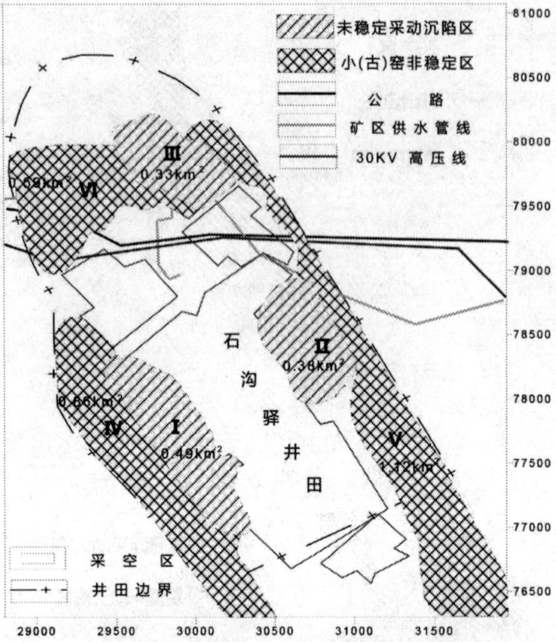

图7-3　石沟驿采煤区石沟驿非稳定沉陷区分布图

7.3　采煤区未来沉陷规律预测

7.3.1　宁东采煤区采煤沉陷的分形特征及其预测

地表动态沉陷是地下采煤推进过程中地表的动态反映，是岩层控制的基本数据。由于地质条件的复杂性和不可预见性，特别是岩体结构的复杂性导致地表下沉量是不确定的，并不像做的相似模型试验中所得到的曲线那样平滑，而是具有强烈的非线性性。如果采用通常的数据拟合方法对下沉曲线进行分析，得到的数学模型与实际情况有较大的差异。从非线性理论入手，采用分形方法对地表动态沉陷的数据进行了分析和研究，得到地表下沉的分形增长规律及其功率谱特征，可充分证明地表下沉的非线性特性[101]。

(1)下沉曲线的分形特征

为研究地表动态沉陷的分形特性，依据宁东灵武煤矿C26采煤工作面推进过程中地表的某一定点上的长期观测资料，以时间为横轴，以累积下沉量为纵轴建立关系曲线(见图7-4)。

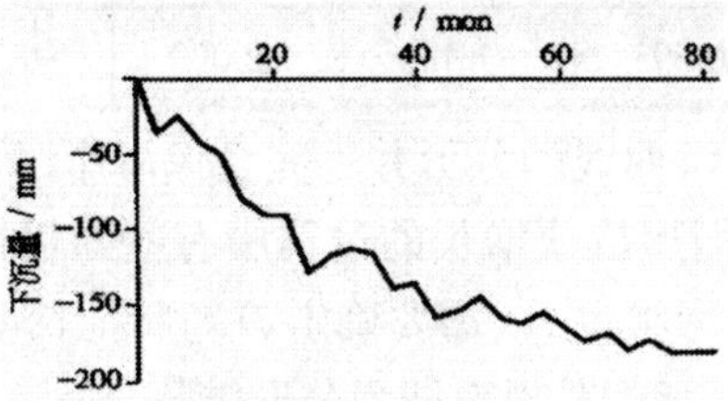

图7-4　地表沉陷的实测时间序列数据

从图7-4中可以看出，在地表的动态沉陷过程中，曲线呈现出锯齿状的特征，这种结构直观上反映了曲线类似于海岸线的自相似特性(分形特性)，这种相似只是在统计意义上的自相似，不是严格意义上的自相似。以容量维数求曲线的分形维数，定义为[102]：

$$D = \lim_{r \to 0} \frac{N(r)}{\left(1/r\right)} \tag{7-1}$$

式中：

r—为覆盖盒的边长；

$N(r)$—为盒数，即以边长为 r 的覆盒度量下沉曲线而量出的步数。

为了避免边长过小，以作为边长取5个边长不同的盒子来度量下沉曲线，统计相对应的覆盖盒数，计算出和。

如表7-2。

表7-2　分形覆盖统计表

r	2	4	8	16	32
$N(r)$	155	74	37	17	8
$\ln(N(r))$	5.043	4.304	3.611	2.833	2.079
$\ln(1/r)$	−0.693	−1.386	−2.079	−2.772	−3.466

由于地表下沉曲线的分形并不完全像海岸线那样是严格的自相似结构，在它们形成或增长的过程中有些随机性。如果要确定某个物理量的分形维数 D，需要确定 D 与特征长度 r 之间的关系，如果是直线关系，那么其斜率即为分形维数。

以 y 表示 $\ln(N(r))$，以 x 表示 $\ln(1/r)$，对表7-2中数据进行线性回归，可得回归方程如下：

$$y=1.07x+5.797 \tag{7-2}$$

根据分形维数估计原理，回归直线的斜率即为分形图形的分形维数。这样就得到了地表下沉的分形维数为：

对拟合曲线求相关系数得到 $R=1$，从下图7-5可以看出地表沉陷曲线盒覆盖的双对数离散点基本上在一条直线上，其相关系数达到1，所得分形维数是非常稳定的。这说明地表动态沉陷曲线具有很强的自相似性，从定量方面反映了沉陷曲线具有良好的分形增长特性。

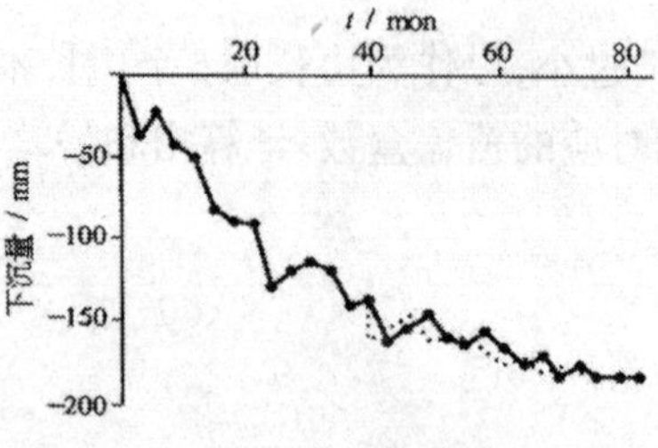

图7-5　分形插值曲线和实测数据的比较

(2)地表动态沉陷的功率谱特征

地表沉陷的动态观测值是一组离散的时间序列 x_1，x_2，…，x_j，…，x_n（观测数据的时间间隔 Δt 为三个月），通过Frouier变换可以验证其功率谱特征。对 x_j 作Frouier变换：

$$\widehat{x_j}=\frac{1}{\sqrt{n}}\sum_{j=1}^{n}x_je^{-i\frac{2\pi jk}{n}}\text{（其中 }k=1,\ 2,\ \cdots,\ 2,\ 7\text{）} \tag{7-3}$$

其频率间隔为 $\Delta f=\dfrac{1}{n\Delta t}$，其中 $i=-1$ 为纯虚数。由于变换具备Hamilton长度的守恒性，即：

$$\sum_{j=1}^{n}\left|x_j\right|^2=\sum_{k=1}^{n}\left|\widehat{x_k}\right|^2 \tag{7-4}$$

而自相关系数的Frouier变换，即为功率谱：

$$S_k=\left|\widehat{x_k}\right|^2=\sum_{m=1}^{n}\psi_m\cos\left[\frac{2\pi nk}{n}\right] \tag{7-5}$$

其中 $\psi_m=\dfrac{1}{n}\sum_{j=1}^{n}x_jx_{j+m}$ 为时间序列 x_j 的自相关系数。

得到功率谱如图7-6所示，从功率谱上对周期函数、拟周期函数和非周期函数是容易区分的。而对于拟周期函数，它包括各式各样的周期(或频率)，且它们之间的比例是无理数。可以看出虽然地表动态沉陷的谱线比较密集，但却都是分立的，说明地表的沉陷是周期性的。功率谱图中波峰的间隔不相等，是拟周期函数的(图7-6)功率谱特征。

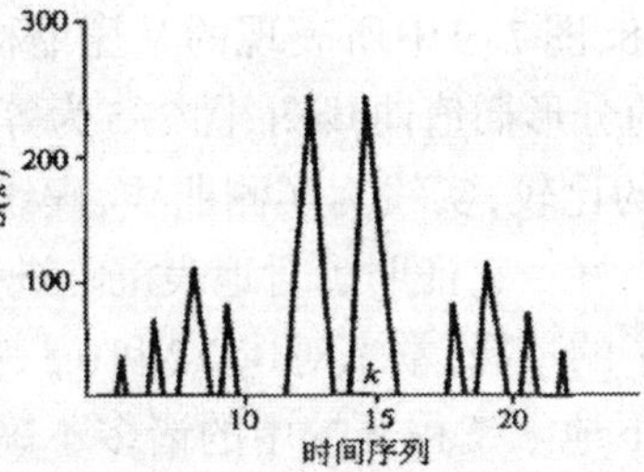

图7-6　地表动态沉陷时间序列的功率谱

(3)地表下沉的分形预测

分形插值函数是美国数学家M.F.Barnsley在1986年首先提出，由一类特殊的迭代函数系产生的。这种函数的图像可以近似描述那些欧氏几何不能很好描述的物象，如海岸线、地表的轮廓等等，并且还提供了模拟经典几何在其面前也无能为力的实验数据新方法。其中，分形插值为描述不规则的随机曲线模型提供了有力的工具。对上述实地观测的地表下沉量的时间序列，设时间为 x_n，下沉量为 y_n 则有：

$$\begin{aligned} &L_n(x_1)=x_{n-1},\ L_n(x_N)=x_n \\ &F_n(x_0,\ y_0)=y_{n-1},\ F_n(x_N,\ y_N)=y_n \end{aligned} \tag{7-6}$$

其中 N 为测点数，L_n 与 F_n 均为线性函数，则得线性分形插值函数，取：

$$\begin{cases} b_n=\dfrac{(y_n-y_{n-1})-d_n\cdot(y_N-y_0)}{x_n-x_0} \\ k_n=y_{n-1}-d_ny_0-b_nx_0 \end{cases} \qquad n=1,\ 2,\ \cdots,\ N$$

定义仿射映射为：

$$\begin{cases} L_n(x)=x_{n-1}+\dfrac{x_n-x_{n-1}}{x_N-x_0}\cdot(x-x_0) \\ F_n(x,\ y)=b_nx+d_ny+k_n \end{cases} \tag{7-7}$$

式中：

d_n—为压缩标度因子。

图7-7、图7-8、图7-9中所表现的是压缩标度因子分别为0，0.2和0.5条件下的分形插值曲线图，图7-5为等于0时分形插值曲线与实测值之间的比较，实线为实测曲线，虚线为分形线，可以看到二者吻合得相当好。它证明了对地表沉陷进行分形预测的可行性。对于压缩因子的选择，本书对0，0.2和0.5三个值进行了比较，考虑到实际情况下地下工程开挖中的诸多不确定因素，分形预测曲线即应具有一定的波动，这种波动又不能太大，因此选=0.2时的

分形插值曲线为地表动态沉陷量的预测曲线。分形插值有如此高的精度,一方面反映了地表点沉陷曲线确实具有较高的自相似性,具有良好的分形特征,完全可以用分形的方法加以研究,另一方面也说明分形插值方法本身的良好性质,比传统插值方法具有更高的优越性[103]。

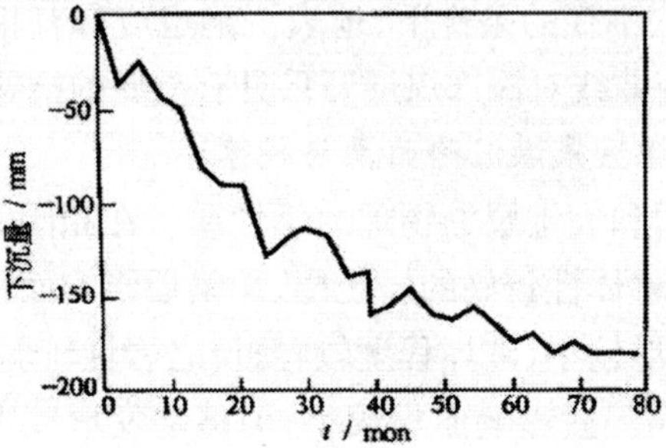

图7-7　$d=0$ 时地表沉陷的分形插值曲线

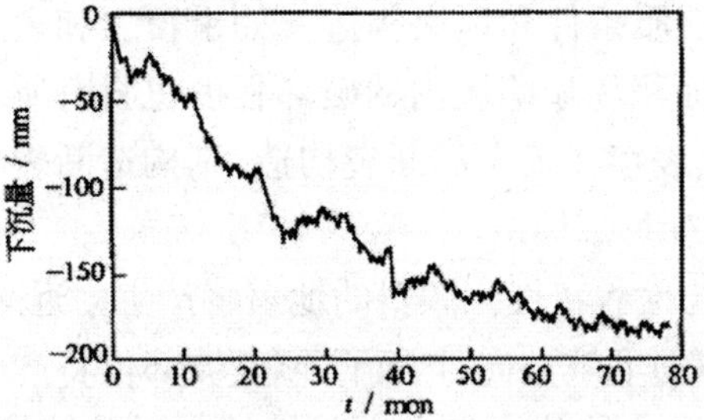

图7-8　$d=0.2$ 时地表沉陷的分形插值曲线

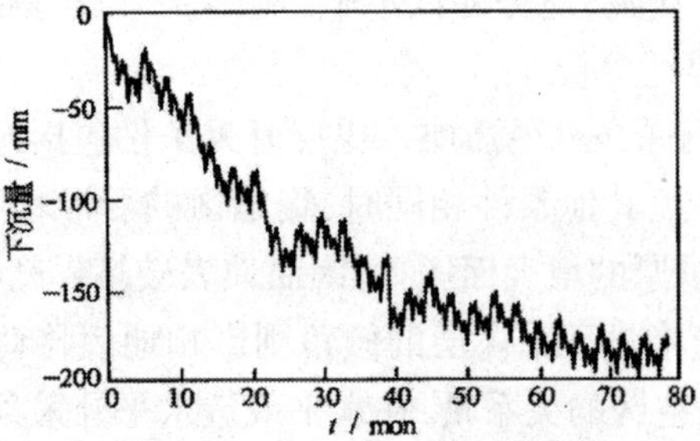

图7-9　$d=0.5$ 时地表沉陷的分形插值曲线

通过对地表动态沉陷的时间序列的分析发现其具有分形行为,主要原因是由于煤矿开采中的开采规律所导致。对于采区式采矿方法来说,工作面的推进是呈周期性的,完成一个采区即完成一个小循环,地表的动态下沉量的变化也完成一次循环,从功率谱图形可以看出下沉量是具有周期性的。因此在矿井的延深过程中,在采矿方法不变的条件下,地表沉陷也应具有相似的规律[104]。这样,分形插值曲线对深部煤层开采具有重要的指导作用。

7.3.2 宁东采煤区采煤沉陷因素与规律

(1)上覆岩和表土层的物理力学性质。在相同的开采条件下,岩性坚硬而且整体性较好的岩土层,塌陷后影响面积较大,但地表各种移动与变形较小,破坏程度较轻;反之岩性较弱且节理裂隙发育的岩土层,塌陷后影响面积较小,但移动变形较大,破坏程度相对加重。

(2)水文地质条件和地层构造。如果覆岩和表土层含水量较大,地表塌陷面积和塌陷区内的破坏程度也将有所增加。如果塌陷区内靠近地表存在较大的断裂构造,则构造断裂带附近将出现较大的移动和变形破坏。

(3)地形与地貌特性。倾斜的地表将产生附近采动滑移,滑移方向指向山体的下坡方向,因而凸形变坡部位将产生附加的水平拉伸变形;凹形地貌部位将产生附加的水平压缩和正曲率变形。若煤矿区地处丘陵,地势起伏不平,地形复杂,容易产生附加采动滑移,地表易产生裂隙。

(4)煤层开采条件的影响。煤层开采条件包括开采深度、厚度和煤层倾角。在其他条件相同时,塌陷区的变形程度随采深的增大而减小,随采厚的增大而增大,因而地表破坏程度有与开采深厚比成反比的趋势。开采煤层的倾角则影响地表移动与变形,破坏范围相对于采空区的关系是:在水平或近水平开采条件下,地表塌陷范围和移动变形值对称于采空区分布;倾斜煤层开采时,塌陷区将偏向下山方向,下山方向的移动与变形范围和变形程度也有所增加。

(5)采煤与顶板管理方法的影响。其他条件相同时,地表塌陷范围以及移动、变形和破坏程度与煤层采空区的大小及煤炭回采率有正比函数关系。长壁式开采的下沉系数较大,而条带式、刀柱式等局部开采的下沉系数与煤炭采出率有关,一般下沉系数较小[105]。由于较大型矿井的采空区规模较大且回采率较高,因此其塌陷规律及破坏强度也相对较大,而小矿井的塌陷规模较小,破坏强度较低,或基本不塌陷。目前,有10个矿井正在准备进行或已经进行长壁式分层开采或一次采全高,因此这10个矿井的地表塌陷规模及强度也将加大,土地复垦工作亦愈加重要。

第八章　宁东煤田地质灾害防治与生态保护措施

8.1　宁东煤田地质灾害的防治原则与措施

宁东煤田地质灾害及由此引发的环境问题突出。主要有地表位移盆地、塌陷坑、地裂缝、顶板突然冒落、煤矿突水危害、煤层自燃等灾害。

8.1.1　地质灾害的防治原则

(1)加强组织领导

建立地质灾害综合治理工作领导小组,全面负责对矿区采煤引起的灾害的调查、规划和治理工作。

(2)针对具体灾害,认真研究其规律和治理技术措施

包括具体灾害的宏观破坏特征研究;灾害主控因素特征,研究其与宏观特征的因果关系,以确定灾害主要原因与物理模型的主要参量。确定岩土工程所受灾患类别,为从质到量化规律研究奠定基础;特定因素作用下的灾变机制研究,量化规律研究和新的公式体系建立,并研究灾害及破坏实况对公式体系进行完善;建立解决重大难题的新的研究程式、框图、新的研究方法体系。

(3)寻求政策扶持及资金支持

积极争取各级政府对新区建设的政策扶持,减免各种费用,加大治理力度,以偿还地质灾害治理的历史欠账过多问题。

(4)进行必要的法律、法规宣传等方面的工作

依照有关法律法规,结合当地实际情况制定灾害区搬迁补偿办法,搞好宣传工作,最大限度地减少动迁过程中的经济纠纷等矛盾。

(5)加强治理资金的管理

完善综合治理资金管理办法,确保资金足额到位,专款专用。国家和地方政府补贴资金要统一管理,确保用于采煤引起的地质灾害治理工作中。审计部门定期或不定期对治理资金的运作情况进行审计监督。

(6)强化今后对地质灾害区的依法治理

政府成立专门机构,加强对矿山企业的监督管理,加强对矿产资源的开发利用和保护工作,依据国家相关法规制定相关规定和管理办法,按照谁破坏、谁治理的原则,依法治理[106]。

8.1.2 宁东采煤引发的主要地质灾害的治防措施

(1)地表沉陷控制途径和与方法

①地表沉陷(覆岩破坏)控制途径

控制覆岩破坏的途径,主要有:充填开采、部分开采、协调开采等。充填开采有采空区充填和覆岩离层注浆充填等方法[107][108][109]。

采空区充填主要是在采场后方的老采空区内进行按充填方法的不同分为水力充填和风力充填等。采空区充填要达到很好的效果,需掌握好采场后方的顶板覆岩破坏规律,最好是在采场后方顶板还没有垮落时,就将其采空区充填,以达到控制覆岩破坏的目的。其覆岩破坏的技术关键是采场矿山压力显现,可用的技术理论有“关键层理论”及“矿山实用压力控制”“悬臂梁理论”等[110]。

覆岩离层注浆充填技术是近20年来发展起来的新技术,它是在充分研究采场覆岩破坏规律的基础上,利用覆岩破坏中的“空源”传播过程中的离层空间,及时有效地把握住可利用的离层空间,通过地面钻孔向离层空间中注入粉煤灰浆液等充填材料,从而

抑制注浆层位上方的覆岩破坏，达到控制岩层移动以及地表沉陷等。其技术关键是覆岩破坏过程离层空间形成的动态规律，可用的理论技术有"离层注浆的控制理论"等[111]。目前覆岩离层注浆控制地表沉陷技术应用的焦点是该技术的效果，作者在文献中充分研究了该技术可能达到的效果并根据具体的工程要求，经过客观的分析，应用该技术。部分开采技术，主要针对工程要求，选用条带开采、房柱式开采以及限厚开采技术等。

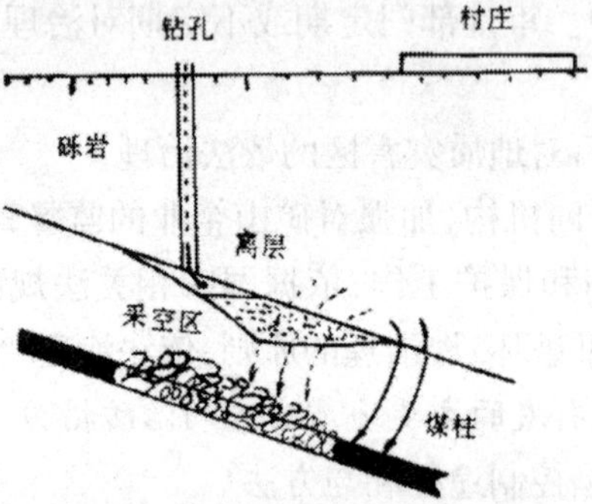

图8-1 离层注浆充填示

条带开采技术，我国应用较普遍，自20世纪60年代开始试验，至今已进行了100多个矿(采区)的条带开采工程实践，达到了设计要求，解决了企业实际问题。可用的技术理论有"地层结构控制假说""托板假说"等[112]。房柱式开采，用于控制地表沉陷时应为房式开采，只采煤房，煤柱用于支撑覆岩，达到控制覆岩破坏。房柱式开采技术在我国应用不是很多，仅在我国神东矿区、西山矿区、大同矿区、鸡西矿区陕西黄陵等地有所应用，其主要原因是，需要进口成套的连续采煤机设备，而且对煤层顶底板限制较多，要求顶板整体性好，底板岩性中等以上，煤层倾角<10°，以及瓦斯含量相对较低等条件[113]。

限厚开采技术，主要针对地表变形超过建(构)筑物的抗变形指标，使变形值小于建(构)筑物的抗变形指标而采用的一种开采技术。协调开采技术,就是在同时开采两个邻近煤层(或分层)或同一个煤层的几个工作面时,通过在推进方向上合理地布置工作面之间的最佳距离或工作面的相互位置及开采顺序,使地表变形值不产生累加,甚至能抵消一部分变形值。协调开采技术一般用于潜水位低的矿区,对潜水位高的矿区不能应用此技术,因协调开采减少了覆岩及地表的变形而不能减小地表下沉值。

②覆岩离层注浆与优化工作面布置相结合的方法[114]

放顶煤开采引起覆岩破坏及地表移动变形相对分层开采引起的覆岩破坏及地表移动变形剧烈,对地表的设施等破坏影响相对较大,而采用覆岩离层注浆,可减缓地表的移动变形,减轻对建(构)筑物及设施的影响。根据地面建筑设施与井下煤层的相对关系,优选井下工作面的布置,使建筑设施处于移动变形的有利位置,结合覆岩离层注浆,达到保护地面的需要。如覆岩离层注浆与长壁跳采面相结合,就是一种减小地表移动变形的方法,利用协调开采方法合理选择工作面开采顺序,使建(构)筑物位于变形较小区域。

③冒裂带注浆充填与优化工作面布置相结合的方法[115]

工作面后方采空区充填是控制地表沉陷(覆岩破坏)的最直接有效的方法,采用注浆充填工作面采后形成的垮裂带空隙,控制地表下沉,从而保护地面建筑设施及生态环境。该方法,要求优化工作面布置,使工作面采后的垮裂带相对稳定,垮裂空隙不及时闭合,便于注浆充填。最简单的设计是采用条带开采,对采出的条带的垮裂带充填后,再开采留设的条带煤柱。优化设计工作面布置是该技术的关键,从技术上分析,该技术是可行的。

④高浓浆液充填采空区和覆岩离层充填相结合方法[116]

高浓浆液充填采空区在我国进行了预研究,该技术起源于德国DMT公司的废物处理技术,可将该技术应用于控制地表沉陷。但由于其浆液的流动性差,要求地面注浆钻孔密度大,其成本高,井下充填不符合高产高效,因此,可将高浓浆液地面钻孔充填采空区和覆岩离层注浆结合起来，取长补短，相互补充，达到有效控制地面沉陷。

(2)突水灾害治理

①断层突水的封堵治理[117][118]

断层突水是矿井开采中一种常见多发的灾害事故，一般都会造成较大的危害，如工作面被淹以及全井淹没。断层突水的封堵方法大致有2种：a.封堵导水断裂构造，即打钻到断裂构造导水通道带，进行注浆封堵。b.当突水断裂构造发育地点和产状不明确，难以布置钻孔时，可采用封堵巷道的办法。即在突水巷道中大量充填骨料，然后注浆加以固结，使突水段巷道全部注实、封死。布孔原则：首先对准突水点及其可能来水方向布置1~3个钻孔，间距相差8~10m；为确保堵水的效果和工期，在突水点附近过水巷道再布置1个钻孔，主要起截流作用，若该钻孔在来水方向可向下延伸至含水层，还可起堵源的作用。

②采煤工作面突水的封堵[119]

采煤工作面突水灾害发生的主要原因：工作面与下伏高水压强含水层距离较近，由于小断层或裂隙构造的发育，工作面下强含水层再受矿压作用产生一定破坏，在下伏强含水层高水压的作用下发生突水，由于突水在采空区内发生，因而较难确定其确切位置。布孔原则：在工作面上下辅巷接近采空区布置个钻孔，命中巷道，先截流，在可能突水的采空区部位打1~2个钻孔，由于堵水钻孔常要穿过塌陷区和采空区，在采空区段要注砂充填，再用旋喷注浆固砂后向底部含水层注浆。

③滑动构造突水的封堵[120]

滑动构造是一种平缓的面状构造，破碎带的面积和厚度都较大，由于剥失作用，使滑动面上部主采煤层距含水层的间距变小。这样，在一定条件下，滑动构造破碎带即是一个易发生突水的导水通道；若滑面发育于煤层底板之下的隔水层中使煤层与含水层之间的间距小于安全隔水厚度时，则很容易发生突水与特大突水，甚至造成淹井等重大事故。布孔原则：先查清滑动构造发育的范围，以出水点为中心，堵水钻孔在突水点四周10~20m的范围内呈现“梅花”状分布，若有采掘工程存在，曾发生严重淋水、底鼓等现象的地段及矿山应力集中部位，可适当增补注浆孔进行加固，一般6~8孔即可完成堵水任务。

④治理突水的钻孔技术要点[121][122]

注浆堵水工程要求命中巷道的钻孔孔斜率不超过3%，其他钻孔不超过1%，这些要求均超过了煤田钻探特级钻孔的钻探技术要求。为了提高钻探效率，防止孔斜，应尽量采用合理的组合钻具，可防止孔斜，提高钻探效率。其组合方式为：牙轮钻头+扶正器+钻铤+扶正器+钻杆。根据地层的不同，要采用不同的牙轮钻头，钻进压力参数合理，护壁用优质化学泥浆，效率可达50m/d，孔斜也可满足注浆孔的特殊要求。一般300m的钻孔，从立架钻进、下套管、封孔止水到终孔8~10d左右可完成钻探任务，转入注浆阶段。随机钻进技术是针对特殊条件下所必须定向随机钻进。比如：钻孔出现事故，或孔内掉钻头处理难度较大，可用水泥封孔底一部分，重新定向导斜钻进，绕过事故段，既可不处理事故，又可保证钻孔利用，不出现废孔。

(3)煤矸石的治理[123]

煤矸石的主要成分是无机矿物质，其元素主要组成为氧、硅、铝、铁、钙、镁、钾、钠等，这8种元素占98%以上，碳、氢、氮、硫与氧常形成矸石中的有机质。我国煤矸石中的含硫量大部分比较低，小于1%，但也有少部分硫含量相当高，且以黄铁矿形式存在，因而是宝贵的硫黄资源。另外，有些矿区的煤矸石，其钛、钒、镓等稀有元素含量较高，具有提取的价值。

①煤矸石的热能利用

就是利用煤矸石中一定数量煤炭性质进行回收。如经过简单回收水洗进行回收煤炭，用煤矸石（或掺烧其他劣质煤）作为沸腾楼燃料，使煤矸石不经筛选便可作为燃料使用；再就是用煤矸石进行发电、造气。

②对煤矸石中的矿物的利用

对煤矸石中含有硅、铝、铁、钛、镓、镍、锗、钼等元素进行提取，单独元素难以提取，可提取氯化铝、聚合氯化铝、硫酸铝、铵明矾、氢氧化铝、金红石钛白、五氧化二钒、硅钾肥等复合物质。

③用煤矸石制砖

如果采区的煤矸石没有放射性，煤矸石可以作为制砖的原料。另外将煤矸石作为回填材料运回井下采空区或地表塌陷坑中，既减少了排矸量，又减缓地面沉降，还为治理沉陷区提供了充填材料，也可经过施工挖掘、掩埋、削平等工程对矸石山的自燃、流动等灾害进行治理，减少矸石山污染大气和地表、地下水。

④煤矸石充填

煤矸石充填主要用在充填开采、填充沟壑、复垦等方面，从长远和环境利益来看，经济效益和社会效益不可估量。

（4）采煤区煤田火灾防治措施

①剥离注水注浆覆盖法[124]

此法用于火区燃烧深度小于30mm时，首先剥开火源，之后注水降温至临界温度70℃，再进行注浆，充填封闭裂隙，最后地表实施大范围覆盖，既隔绝氧气又恢复植被。

②剥离打钻注水注浆覆盖法[125][126][127]

此法用于火区燃烧深度大于30m时，操作要点为：先剥除火区露头火源及部分烧变岩，对火区进行斜坡化处理，使火区表面形成一个具备打钻覆盖条件的场所。燃烧深的煤田火灾，剥离后必须实施钻探，以保证低温的液体能充分置换高温燃烧煤的热量，从而降低可燃体的温度，而且能够把充填裂隙、隔绝氧气的泥浆输送到煤层周围。灭火钻探工程分为探火钻孔、灭火钻孔和观测钻孔3

种。探火勘探线应与地球物理勘探线重合。探火钻孔布置原则是：以物探成果为指导，沿煤层倾向布设2~3个钻孔，其中一个钻孔应布设在正常煤层中，按先浅后深的顺序安排施工。灭火钻孔参数选择如下。

灭火钻孔间距：

$$d=2R=s\frac{Q}{n\pi V}\text{（静压注浆）} \tag{8-1}$$

式中：

d—钻孔间距，m；

R—浆液渗透半径，m；

Q—注浆强度，m^3/m；

n—火区内烧变岩裂隙率，取0.1~0.3；

V—注浆材料最小颗粒沉积水流速度，cm/m。

在工程初始设计时，将煤层自燃火区顶板冒落后假设为一种理想条件下的三维空间，并假设浆液固化物从煤层底板向上以圆柱体堆积，得出理想条件下浆液扩散半径：

$$R=K\sqrt{Q/(\pi h\beta)} \tag{8-2}$$

式中：

R—浆液渗透半径，m；

Q—浆液固化物体积；

h—冒落带高度，钻孔时取得；

β—冒落带孔隙率，以物探或钻探资料为依据确定；

K—安全系数。

值的确定需要分析掌握地层导水裂隙带的发育程度、钻孔注浆区采空空间的容积、浆液渗流的各向异性等许多不确定的因素，施工中要不断调整。注浆压力也是影响浆液扩散半径的重要因素，一般在施工中以能否达到设计注浆量作为调整依据。

灭火钻孔的终孔位置一般应在已燃煤层底板上部15m。观测钻孔布设在火源中心，钻孔孔径73~127mm，钻孔除孔口为实管外，其他均为筛管。探火钻孔采用全孔或分段取芯，灭火钻孔、观测钻孔可不取芯。

钻探结束后，便以钻孔为中心对燃烧煤层进行注水降温和注浆封闭。注水系统一般由水源地、泵站、主管路、支管路、钻孔（自然裂隙区、人工鱼鳞坑）等组成。注水原则是先高温区后低温区；间歇性注水，保证水的充分汽化。注水（浆）量的确定如下：

$$Q=\frac{0.53(t-100)}{639-t_0}+\frac{0.53(100-t_0)}{T-t_0}\cdot L\cdot S_{平} \tag{8-3}$$

式中：

Q—火区注水量，m^3；

T—火区岩石平均温度，℃；

t—灭火设计降温温度，℃；

t_0—供水温度，℃；

L—火区沿燃烧煤层走向的长度，m；

$S_{平}$—火区内煤层倾向上温度异常体截面平均面积，m^2。

火区内煤、岩及气体温度稳定在100℃以下时，停止注水。注浆系统一般由供水系统+供料系统面部→制浆站→输浆系统→钻孔（自然裂隙区、人工鱼鳞坑）等组成。其布置方式常采用集中式或分区式布置；灌注时有静压注浆和压力注浆2种方式。其灌注原则应先注水后注浆，先外围后中心，浆液先稀后稠，保证间歇性注浆。注浆材料必须是不可燃材料，具有较好的渗透性，收缩率少。一般选黄土。泥浆水土比一般为8:1~5:1。注浆系统必须具有防止跑水、跑浆和防冻等安全技术措施；制浆站每2h测定泥浆浓度一次，同时专业人员应随时进行抽样检查。为保证注浆质量，火区内塌陷区裂隙应基本充填，火区处于完全封闭状态后方可停止注浆。

为确保温度降到临界温度的煤层与空气中的氧气隔绝，最后还要进行二次封闭——覆盖，此外也要恢复被火灾破坏的地形地貌，使治理后的火区植被重生，再现绿色。覆盖厚度的计算公式如下：

$$D=\frac{P}{KQ} \tag{8-4}$$

式中：

D—覆盖平均厚度，m；

P—火区内平均火风压（实测或根据温度计算），Pa；

K—土质系数（按土样实验，试样捣实压力0.01MPa）；

Q—允许漏风量（取0.01m^3/m）。

覆盖工序一般有采土、运土、平整、压实、修防洪堤，恢复植被。覆盖区厚度达标率应在95%以上，而且覆盖结束后一年内无返潮现象。煤田灭火必须建立火区监测制度，对火区状态实行定期监测。在煤田灭火施工前3个月必须建立火区监测网，进行前期监测工作。灭火施工期间，要定期监测，掌握火区动态。灭火工程项目验收后，继续定期监测，时间应不少于一年。监测的手段主要有温度监测法、红外感应监测法、气相色谱分析法、地球物理监测法（电法和磁法）等方法。

③其他方法

如调节风压灭防火技术，凝胶防灭火技术，氮气防灭火技术（利用制氮设备制取氮气，通过管路送入井下，注入采空区等煤可能燃烧的区域，使之惰化）等[128]。

8.2 矿区内的生态环境保护与治理

8.2.1 矿区内的生态环境保护

矿山地质环境治理保护的原则应本着保护环境、防灾减灾、因地制宜、重点突出、注重效益、分步实施的原则。对煤矿地质灾害引发的土地退化、荒废和沙漠化严重的现象是生态环境治理保护的重点，结合宁夏地区的经验主要从以下几方面抓起[129][130][131]。

(1)治理采区的生态环境先从当地的农牧民的搬迁着手

居住在采煤沉降与塌陷区内的百姓多数生活贫困,经济收入低,对于在采区范围内不宜居住的地方,联合当地政府共同规划建立新的百姓居住点,通过改善生态环境来恢复草场、林场、农田,切实提高百姓的经济收入。

(2)积极配合当地政府认真执行国家正在实施的退耕还草、还林、还牧的政策

调整土地结构,按照"宜农则农、宜林则林、宜牧则牧"原则,调整产业结构。采区应走精种高产优质高效之路,为养而种,为牧而农,发展饲草料加工业;畜牧业则大力发展舍饲圈养、搞牛羊育肥;牧区实行禁牧、轮牧,使农牧业生产与生态环境建设协调发展。

(3)利用矿井排出的水来建立并完善氧化塘,为绿化提供水源保障

将现有的氧化塘由单级改为多级,提高水处理的质量。氧化塘必须进行防渗处理,以减少向井下渗水并增加可供水量,同时完善供水管网和供水设备的建设,实现矿井水的处理与净化,真正达到资源化利用,彻底解决地面绿化及井下防尘问题。

(4)对大的塌陷坑的填充治理

利用固体废弃物矸石充填塌陷区造地,如石嘴山用现存的矸石,采用平翻方式充填塌陷区,营造出多处绿化和建设用地。

8.2.2 矿区内的土地荒漠化治理措施

土地荒漠化治理必须造综合治理之路,即采矿企业、当地政府与百姓共同来治理土地荒漠化。应采取以植被建设为主的生态恢复和以土地利用结构调整为主的产业结构调整相结合的治理措施,从根本上治理、恢复和保护采区的生态系统[132][133]。具体办法有建立区域防护林体系,控制风蚀沙化,要因地制宜、因害设防,按照适地适树的原则,建成带、片、散,乔、灌、草相结合的综合防护林体系;在风蚀严重的沉降地、塌陷坑,以营造乔、灌木片林为主,控

制风蚀沙化，并大力发展木本饲料林、畜牧业，树种选青杨、白榆、白柠条、杨柴及中间锦鸡儿等，造林密度每亩120株左右，适宜的株行距为2m×3m；在地表粗化、土层瘠薄的荒地，其下有坚硬的白干土时，则以营造白柠条、中间锦鸡儿、驼绒藜等灌木为主的林带，灌草相间，以恢复植被，带宽一般为2~4m，荒漠化较严重地区带距8~10m或10~20m，带间种植多年生牧草如沙蒿、披碱草、羊草、苜蓿等，尽量避免种植寿命短的草种如草木樨等而造成重复建设；在条件较好地段，配置旱作农田防护林并发展经济林。适生的树种有粗枝青杨、小叶杨、小黑杨、五台青杨、白榆，“三松”及果树等，林带的结构形式以窄林带小网格、疏透结构为宜；在灌丛沙堆密集地段，以封为主，封、育结合，防止放牧和采樵，以利于恢复植被和控制进一步荒漠化[134][135][136][137]。

8.2.3　矿山内的地质环境制度建设方向

为了全面推进自治区矿山地质环境恢复治理工作，逐步治理历史遗留的矿山环境问题，从而更好地保护和改善矿山环境，促进全区社会经济可持续发展。明确了历史遗留的矿山地质环境问题的治理责任主体，建议建立分级负责和分工负责的责任体系。从管理职责、资金管理、项目管理、监督检查等方面，规范了项目管理与实施的各个环节，保证了项目资金的安全使用和项目的规范和透明运行，为矿山地质环境项目管理与实施提供了制度保障。

为促进全区矿产资源开发与环境保护协调发展，督促和规范生产矿山地质环境治理工作，最大限度地减少因矿产资源开发所引发的环境地质问题，我区已经建立矿山地质环境保证金制度，为全区生产和新建矿山地质环境治理提供了必要的资金保证。为了进一步规范保证金的缴存、使用和管理，保证矿山地质环境恢复治理的成效，有效防治矿山开发造成的矿山地质环境破坏及诱发的地质灾害，可在广泛借鉴其他省份保证金制度后，对全区各市县矿山地质环境治理保证金制度执行情况检查的基础上，修改完善相关实施细则，可借鉴内蒙古自治区提出的将矿山地质环境治理和土地复垦合并，增加分期治理方案(3~5年不等期限)。

当然，仍然存在急需解决的问题及建议

(1)一些老矿区的资源埋藏较浅，由于过去房柱式开采方式，煤炭开采率低，在开采过后即形成了塌陷区和深坑，但开采区还有剩余资源，直接对此类塌陷区进行治理会造成极大的资源浪费，建议国家出台相应的政策，合理利用剩余资源，同时对采空区进行回填。

(2)部分城市周边的区域，土地利用价值较高，但是开采后荒废情况严重，没有得到合理利用。相关部门应出台政策将这些区域的环境治理与土地出让政策相协调，企业或个人治理时给予土地出让金减免等优惠措施，真正实现社会资本参与工矿废弃地治理及盘活。对经过采矿形成的大坑或沉陷地区，土地利用价值较高，随着这些城市的发展，这些塌陷区亟须治理利用，既能促进附近城市的经济发展，也能改善周边的生态环境。

(3)个别地区过去批准的小煤窑有些发放了采矿许可证，但都没有办理建设用地审批手续，导致开采后的废弃工矿用地无法利用治理。建议在“第三次全国土地调查”时针对这类情况，制定规范，可以单独标注，如原地类是废弃工矿用地，现地类为未利用地或牧草地，以备日后可以调整利用。

(4)在矿山绿化工作方面需要有资质的专业单位负责，建议出台相关政策，规范矿山绿化治理工作，避免矿企绿化工作不规范行为，在出现问题时也便于追责。

第九章　结论与展望

9.1　结论

本书在利用数值模拟和随机介质理论、灾害评价理论、灾害预测等理论基础上，结合宁东煤田采煤沉陷的现状，指出采煤沉陷规律预测和沉陷预防对避免走煤矿开采重复往年“先开采、后治理”的老路意义重大，采煤沉陷灾害预防和预测是实行“边开发、边治理”的煤矿开采思路的基石，有助于实现煤炭资源的综合开发，最终促进矿区经济的循环发展。

目前，由于采煤沉陷起因、规律、预防等因不同地点而具有各自特殊性，对矿区采煤沉陷预测与规律的研究主要集中在广义研究上，对特定的矿区的指导意义不明显，而研究宁夏东部采煤沉陷具体发展规律、发展趋势仍是个空白。

本书认为：宁东采煤引起的地质灾害很多，而沉陷灾害是其中影响与破坏力最大的，因此找到沉陷灾害的发生、发展与预防规律，就能最大限度减少因采煤地质灾害引起的各类损失。本书结合国有大型企业宁煤集团宁东煤田的实际，系统研究了宁东煤田采煤引起的沉陷地质灾害现状、灾害损害程度评价、灾害动态发展规律观测与流变特性、采煤沉陷数值模拟计算、宁东采煤沉陷发展规律与趋势预测等问题，提出了宁东煤田采煤沉陷地质灾害防治与保护的科学措施。在借鉴已有研究成果的基础上，取得成果有以下几个方面：

(1)系统总结了宁东煤田采煤引起的7类采煤地质灾害的特点、现状、影响范围与程度，得出地表沉陷灾害为宁东采煤引起的灾害研究与治理重点。

(2)对宁东一采区工作面采用钻孔冲洗液法、钻孔超声成像法及钻孔电视法对比使用和分析，研究出了该区工作面覆岩裂隙特征、规律，覆岩垮落高度、导水裂隙高度等指标的定量变化规律。

(3)通过宁东一采区岩层流变特性的分析，得出了该区采煤开采速度在三种区间情况下对地表岩层动态移动变形的影响程度。

(4)应用极坐标闭合回路积分模型，模拟计算宁东一采区地表动态变形移动各项参数值，通过实测数据与反演计算结果对比确定了该区地表移动与变形等相关参数。

(5)通过宁东采区岩体内部竖向变化规律分析，将宁东煤田开采区地表动态沉陷变形划分为三个阶段进行了归纳与总结。

(6)对宁东正在开采的几个矿区的地质灾害影响程度进行分析研究，提出了针对采煤引起的地质灾害的评价方法、评价体系及评价实施过程。

(7)采用分形方法对宁东采煤区地表沉陷的趋势与规律进行了预测，找出了影响沉陷的5种因素。

(8)针对宁东煤田采煤沉陷现状、特点、规律，重点对沉陷、突水灾害的预防和治理进行了归纳总结，并结合长期从事煤矿煤火的实际，给出了进行煤矿地面灭火钻孔间距、注浆量、浆液扩散半径等经验公式。

(9)结合宁东生态实际，总结矿区生态保护的原则和治理基本措施。

9.2 展望

采煤沉陷是一门综合性很强的边缘研究领域，涉及探矿、采矿、工程地质与水文地质、岩土工程、环境工程、测量、数学、力学、建筑结构等方面的知识。本书仅结合宁东煤田目前已开采矿区的地质、采矿、环境等特点对其采煤沉陷地质灾害进行了研究，研究了已有矿区的采煤沉陷预测与规律，提出了灾害的预防和控制方法。如何对宁东煤田目前正在开发的所有煤矿的采煤沉陷灾害规律进行预测、灾害进行预防和治理是下一步急需研究的主要内容。

参考文献

[1]马冬梅,梁勇.宁夏煤炭工业可持续发展探讨[J].中国能源,2005,27(4):35~37.

[2]鲁春雷,税丽.宁夏煤炭工业可持续发展战略研究[J].宁夏工程技术,2002,1(1):14~17.

[3]张文江.宁夏煤业集团公司组建实践与探索[J].中国煤炭,2004,30(8):5~10.

[4]魏永春.宁夏煤电行业的困难及出路[J].宁夏党校学报,2004,6(3):53~56.

[5]何国清,杨伦,凌赓娣,等.矿山开采沉陷学[M].徐州:中国矿业大学出版社,1991.

[6]纪万斌.塌陷与灾害[M].北京:地震出版社,1997.

[7]何万龙.山区开采沉陷与采动损害[M].北京:中国科学技术出版社,2003.

[8]王银宏.宁夏矿产资源可持续开发利用的问题与对策[J].中国地质矿产经济,2001,12:17~20.

[9]张韬.走可持续发展之路实现宁夏矿产资源的合理开发和有效保护[J].宁夏地矿信息,1999,1:13~16.

[10]邹友峰,邓喀中,马伟民.矿山开采沉陷工程[M].徐州:中国矿业大学出版社,2003.

[11]纪万斌.塌陷学概论[M].北京:中国城市出版社,1994.

[12] Asaoka A. Observational Procedure of Settlement Prediction. Soils and Foundations, 1978, 18(4).

[13] F.G. Bell, M.G.Culshaw, J.C.Cripps.etc. Engineering Geology of Underground Movement. London, the Geological Society, 1988.

[14] Whittaker B.N. Surface subsidence aspects of room and pillar mining. Mining Department Magazine, University of Nottingham, 1985, 37:59～67.

[15] A.C. Waltham. Ground subsidence. New York Chapman and Hall, 1989.

[16] P. R. Sheoey, J.P.Loui, K.B.Singth, etc. Ground subsidence observation and a modified influence function method for complete subsidence prediction. International Journal of Rock Mechanics and Mining Sciences, 37(2000)801～811.

[17]王崇革,宋振骐,石永奎,等.近水平煤层开采上覆岩层运动与沉陷规律相关研究[J].岩土力学,2004,25(8):1343~1346.

[18]蒋金平.采空区地层沉陷过程中关键岩层的作用[J].岩土力学,2003,24(增刊):439~442.

[19]隋旺华.开采沉陷土体变形工程地质研究[M].北京:中国矿业大学出版社,1999.

[20]H.克拉茨.采动损害及其防护[M].北京:煤炭工业出版社,1984.

[21]c .r .阿威尔辛著.煤矿地下开采的岩层移动[M].北京矿业学院矿山测量教研组译.北京:煤炭工业出版社,1959.

[22]余学义.采动过程中地表位移变形预计方法[J].湘潭矿业学院学报,1996,11(4):1~6.

[23]沈光寒,吴戈.采矿沉陷的现代理论[J].世界煤炭技术,1991,6:1~7.

[24]B.A.布克林斯基.矿山岩层与地表移动[M].王金庄,洪渡译.北京:煤炭工业出版社,1989.

[25]姜晨光,盖玉松,廖明全,等.矿区地表沉陷规律的新认识[J].岩石力学与工程学报,2003,22(1):162~165.

[26]吴戈.偏态下沉盆地分析[硕士论文].徐州:中国矿业大学,1981.

[27]唐春安,于广明,刘红元,等.采动岩体破裂与岩层移动数值试验[M].长春:吉林大学出版社,2003.

[28]杨伦,石金峰,于广明,等.关于煤矿安全开采深度的探讨[J].煤炭科学技术,1995,23(4):43~46.

[29]胡晋山,康建荣,何万龙.山区地面受护建筑物的损害分析[J].山西煤炭,2000,20(3):23~26.

[30]Bryce, N.E.. Land Subsidence: Its Impacts and Cost in the U.S. Underground space, 9, 1985.

[31]夏才初,李永盛.地下工程测试理论与监测技术[M].上海:同济大学出版社,1998.

[32]陈永奇,吴子安,吴中如.变形监测分析与预报[M].北京:测绘科技出版社,1998.

[33]何国清,马伟民,王金庄.威布尔分布性函数在地表移动计算中的应用[J].中国矿业学院学报,1982,1:15~17.

[34]Wang Yongjia. Boundary Element Method for Viscoelastic Problem in Rock Mechanics, Press of Northeast Univ. of Tech.1986.

[35]王冒成,劭敏.有限单元法基本原理和数值方法[M].北京:清华大学出版社,1988.

[36]许强,黄润秋,向喜琼.地质灾害发生时间和空间的预测预防[J].山地学报,2000,18(增刊):42~45.

[37]徐友宁,武征,赵子长.西北地区矿产资源开发的环境地质问题及其类型[J].西北地质,2001,34(2):28~33.

[38]吴学刚,庞波.村庄下压煤开采引发的地质灾害探讨[J].矿业安全与环保,2001,28(6):45~47.

[39]C. Zipper W. Balfour, etc. Domestic water supply impacts by underground coal mining in Virginia, U.S.A. Environmental Ge-ology. 1997, 29 (1/2):84-93.

[40]张金才,张玉卓,刘天泉.岩体渗流与煤层底板突水[M].北京:地质出版社,1997.

[41]王金庄.开采沉陷若干理论与技术问题研究[J].矿山测量,2003,3:1~6.

[42]Jeran. P.W.Timing and Duration of Subsidence Due to Long wall Mining: RI9552. Washington ,D.C. Bureau of Mines, U.S.,1995.

[43]张玉卓.建筑群下厚煤层开采的两种技术途径[J].1997,22(增刊):48~51.

[44]煤炭工业部生产司编.水体下、建筑物下、铁路下采煤技术经验选编[M].北京:煤炭工业出版社,1979.

[45]郭广礼,王悦汉,马占国.煤矿开采沉陷有效控制的新途径[J].中国矿业大学学报,2004,33(2):150~153.

[46]徐效清,徐友宁,李伟.内蒙古煤矿环境地质问题及其防治对策研究[J].环境污染治理技术与设备,2002,3(12)57~59.

[47]贺跃光.工程开挖引起的地表移动与变形模型及监测技术研究[博士学位论文].长沙:中南大学,2003.

[48]潘懋,李铁峰.灾害地质学[M].北京:北京大学出版社,2001.

[49]高军,路学忠.宁东煤田地质灾害的初步调查与评价研究[J].西部探矿工程,2003,15(11):160~163.

[50]肖和平.我国煤矿的主要地质灾害及防治对策[J].中国地质灾害与防治学报,2001,12(1):51~54.

[51]蒋忠信,陈国亮.地质灾害国际交流论文集[C].成都:西南交通大学出版社,1992,23~27.

[52]叶敦和.煤炭开发利用中的环境问题[J].煤矿环境保护,1991,6(4):46~47.

[53]张和生,赵勤正,王智.采矿引起的地质灾害及其对矿区生态环境的影响[J].太原理工大学学报,2000,31(1):97~99.

[54]汪一鸣.宁夏自然资源区划[J].宁夏大学学报(自然科学版),1994,15(2):84~91.

[55]滕志宏,张银玲,胡巍,等.黄土高原地下水资源与水质初步评价[J].西北大学学报(自然科学版),2000,30(1):60~64.

[56]李凤明.采矿引发的地质灾害及工程治理实践[J].煤炭科学技术,29(3):16~18.

[57]李凤明.采矿活动对矿区资源、环境的影响及防治对策[J].辽宁工程技术大学学报,1999(2):31~35.

[58]田瑞云.乌达煤田浅部煤层自燃灾害及治理[J].陕西煤炭,2004,2:11~12.

[59]于石凡,白帆,刘明.煤矿瓦斯防治技术[M].北京:中国经济出版社,1990.

[60]张庆功,冯超.矿井突水综合治理技术的研究与应用[J].山东煤炭科技,2005,3:69~70.

[61]肖和平.煤矿诱发地震研究[J].华南地震.1998,18(4):83~87.

[62]于广明.当今采动地层塌陷灾害研究与控制途径[J].自然灾害学报,1996,5(3):71~76.

[63]石英儒.灵新矿西天河下开采试验研究[J].煤矿开采,2004,9(4):32~33.

[64]康永华,王济忠,孔凡铭,等.覆岩破坏的钻孔观测方法[J].煤炭科学技术,2002,30(12):26~28.

[65]武可森,许延春,马士亮.条带开采覆岩破坏高度探测与分析[J].煤矿开采,2004,9(2):52~54.

[66]申宝庆,孔庆军.综放工作面覆岩破坏规律的观测研究[J].煤田地质与勘探,2000,28(5):42~43.

[67]栾元重,刘佩成,袁久丁,等.采动损害观测技术[M].北京:地震出版社,2000.

[68]任奋华,蔡美峰,来兴平.大采空区覆岩破坏高度测控试验分析[J].西安科技学院学报,2004,24(1):9~11.

[69]张庆松,高延法,刘松玉.开采覆岩离层发育规律的动态数值仿真分析[J].矿山压力与顶板管理,2004,2:7~10.

[70]李新强,高延法,张庆松.开采沉陷动态数值仿真研究[J].岩石力学与工程学报,2004,23(4):86~90.

[71]蔡美峰,任奋华,来兴平.灵新煤矿西天河下安全开采技术综合分析[J].北京科技大学学报,2004,26(6):572~574.

[72]吴侃,葛家新,王铃丁,等.开采沉陷预计一体化方法[M].北京:中国矿业大学出版社,1998.

[73]余学义,党天虎,潘宏宇,等.采动地表动态沉陷的流变特性[J].西安科技学院学报,2003,23(2):131~134.

[74]余学义.开采速度对地表建筑物的损害影响分析[J].西安科技学院学报,2002,21(2):97~101.

[75]Knothe S. Prognozowanie wplywow eksploatacji gorniczej [M]. Katowice: Slask, 1998:64~69.

[76]Kwiatek J. Ochrona obiektow budowlanych na terenach gorniczych[M]. Katowice:GIG,1997:211~213.

[77]赵忠明,王其胜,李德海.下沉速度法研究地表移动变形分布规律[J].辽宁工程技术大学学报,2003,22(3):313~316.

[78]孙艳玲,苏仲杰.地表沉陷幅度与覆岩离层的关系确定[J].辽宁工程技术大学学报,2003,22(3):317~319.

[79]郭广礼,汪云甲.概率积分法参数的稳健估计模型及其应用[J].测绘学报,2000,29(2):62~65.

[80]中山大学数力系.概率论及数理统计[M].北京:人民教育出版社,1983.

[81]李杨庆,王能超.数值分析[M].武汉:华中理工大学出版社,1986.

[82]张家生.地表移动理论及数值分析方法研究[博士学位论文].长沙:中南工业大学,1992.

[83]Su D W H. Finite Element Modeling of Subsidence Induced by Underground Coal Mining, Proceeding 10thInternational Conference on Ground Control in Mining, S.S Peng, ed., West Vigi-nia University ,Morgantown, WV, 1991, 287~300.

[84]严广斌,许成功,崔明义.下沉积分格网法的解析模型与微机预计.中州煤炭,1998,94(4):33~34.

[85]范公勤.预计地表下沉和位移的软件及其应用[J].陕西煤炭技术,1994,2:6~8.

[86]Berry D S and Sales T W. An Elastic Treatment of Ground Movement Due to Mining. J Mech. Phys Solids 9,1961,52 ~ 62.

[87]路学忠,高军.宁东采煤区地表沉陷数值模拟计算与规律[J].宁夏工程技术,2004,3(2):108~111.

[88]余学义,施文刚.地表剩余沉陷的预测方法[J].西安矿业学院学报.1996,16(1):1~4.

[89]韩永涛.矿区地表变形预计与可视化研究[硕士学位论文].济南:山东科技大学,2003.

[90]谢和平,周宏伟,王金安,等.FLAC在煤矿开采沉陷预测中的应用及对比分析[J].岩石力学与工程学报,1999,18(4):397~401.

[91]白矛.用力学方法研究岩层和地表移动[J].煤炭学报,1982(3):33~36.

[92]黄乐亭.地表动态沉陷变形的三个阶段与规律[J].矿山测量,2003,3:18~21.

[93]刘开云,乔春生,滕文彦.上覆岩层组合运动的力学解析特征研究[J].工程地质学报,2003,11(4):372~377.

[94]王来,张力,王渭明.龙口矿区地表移动的参数识别与变形预报[J].岩土力学,2003,24(增刊):375~378.

[95]柴华彬,邹友峰,段振伟.开采沉陷相似现象群的分类方法[J].焦作工学院学报(自然科学版),2003,22(2):84~87.

[96]古德生.知识经济与21世纪矿业[J].矿业开发与研究,1999,19(1):1~5.

[97]郭跃,林孝松.地质灾害系统的复杂性分析[J].重庆师范学院学报(自然科学版),2001,18(4):1~7.

[98]向喜琼,黄润秋.地质灾害风险评价与风险管理[J].地质灾害与环境保护,2000,11(1):38~41.

[99]葛家新.地表沉陷预计参数求取及其分析[J].矿山压力与顶板管理,2004,1:78~80.

[100]马超,何万龙,康建荣.采煤塌陷区塌陷面积的预测方法与分析[J].矿山测量,1999,1:15~19.

[101]张东明,尹光志,代高飞.地表下沉的分形特征及其预测[J].成都理工大学学报(自然科学版),2003,30(1):92~95.

[102]黄乐亭.开采沉陷力学的研究与发展[J].煤炭科学技术,2003,31(2):54~56.

[103]谢和平.矿山岩体力学及工程的研究进展与展望[J].中国工程科学,2003,5(3):31~38.

[104]夏熙伦.工程岩石力学[M].武汉:武汉工业大学出版社,1998.

[105]梁运培,孙东玲.岩层移动的组合梁理论及其应用研究[J].岩石力学与工程学报,2002,21(5):654~657.

[106]李永树.地面沉陷灾害预防和防治方法[M].北京:中国铁道出版社,2001.

[107]杜计平,汪理全.煤矿特殊开采方法.徐州:中国矿业大学出版社,2003.

[108]徐挺.相似方法及其应用[M].北京:机械工业出版社,1995.

[109]王秀玲.对井田环境地质灾害的认识与防治[J].煤矿开采,2002,7(3):67~69.

[110]史同广.煤矿区采煤沉陷灾害分析与对策研究[J].自然灾害学报,1994,3(1):9~10.

[111]叶敦和.煤炭开发利用中的环境问题[J].煤矿环境保护,1991,6(4):46~47.

[112]赵明鹏.阜新地区矿山地质灾害及其防治对策[J].中国地质灾害与防治学报,2000,11(4):64~67.

[113]刘相国.山西煤矿区地质环境恶化的原因及防治对策[J].煤矿环境保护,1999(4):29~31.

[114]刘广润.论地质灾害防治工程[J].中国地质灾害与防治学报,2001,12(3):1~4.

[115]王秀玲,高明清.对井田环境地质灾害的认识与防治[J].煤矿开采,2002,7(3):67~69.

[116]张喜武.神东矿区可持续发展战略及其保障系统研究[博士学位论文].阜新:辽宁工程技术大学,2003.

[117]王军.矿山防治水技术现状及发展趋势[J].采矿技术,2001,1(2):20~22.

[118]江平晋.论煤矿采空区积水的综合利用[J].科技情报开发与经济,2005,15(2):282~283.

[119]刘蕴祥.永城矿区煤层底板裂隙灰岩突水特征及防治技术[J].中国煤炭,2004,30(12):37~39.

[120]刘伯.探讨开滦矿区水害类型及防治水对策[J].河北煤炭,2005,1:1~3.

[121]陈建生.郑州矿区水害与防治技术[J].煤炭科学技术,2001,29(7):37~39.

[122]郭进孝.注浆法在治理煤矿采空区塌陷工程中的应用[J].河北煤炭,2004,2:32~34.

[123]赵明鹏,张震斌.阜新矿区矸石山灾害与防治[J].辽宁工程技术大学学报,2003,22(5):711~713.

[124]刘宝龙.煤田地面灭火.方法的探讨[J].露天采矿技术,2005,2:35~37.

[125]周福宝,宋体良,王德明,等.特大型火区的地面钻孔注三相泡沫灭火技术[J].煤炭科学技术,2005,33(7):1~3.

[126]王玉森.采用帷幕注浆进行地下自燃煤层灭火[J].探矿工程(岩土钻掘工程),2001,5:7~8.

[127]齐德香.新疆煤田火灾的危害及其防治[J].中国煤炭,2005,31(6):34~37.

[128]鲍庆国,文虎,王秀林,等.煤自燃理论及防治技术[M].北京:煤炭工业出版社,2002.

[129]路学忠,高军.宁夏煤矿资源的可持续发展与采矿区生态保护[J].地质灾害与环境保护,2004,15(1):56~61.

[130]张锋,陈玲,郝瑞甫.陕甘宁盐环定扬黄工程沿线风沙治理的现状与对策[J].宁夏工程技术,2003,2(1):12~15.

[131]高庆先,任阵海.宁夏的沙尘暴天气及防沙治沙的对策建议[J].中国工程科学,2002,4(2):16~21.

[132]方创琳,毛汉英.兖滕两淮地区采煤塌陷地的动态演变规律与综合整治[J].地理学报,1998,53(1):24~31.

[133]张宝慧,张瑞麟.我国北方沙漠化治理的行为模式与制度安排分析[J].中国人口.资源与环境,2001,11(4):93~96.

[134]樊胜岳,周立华.沙漠化成因机制及其治理的沙产业模式[J].地理科学,2000,20(6):511~516.

[135]薛玲,曹江营,张树礼.黄土高原区煤矿排土厂复垦及区域生态恢复示范工程[J].环境科学,1996,17(2):60~64.

[136]牛凤英,田方兴,牛勇.乌盟后山干旱半干旱地区沙漠化治理模式探讨[J].内蒙古林业科技,2001(增刊):26~29.

[137]张和生,郭坚,侯满柱.采矿对矿区生态环境的影响及治理对策[J].煤矿环境保护,2000,14(2):45~48.